JN016816

ニュートン**超図解**新書

最強に面白い

飛行機

はじめに

　飛行機は，大きいジェット旅客機だと，数百トンもの重量があります。史上最大のジェット旅客機「A380」の最大重量は，560トンにも達します。こんなに重い飛行機が，なぜ空を飛ぶことができるのでしょうか。

　飛行機の翼は，前からくる風を利用して，上向きにはたらく力を発生させます。この力は「揚力」といい，飛行機の速度が速いほど，翼の面積が大きいほど，大きくなります。飛行機が飛ぶことができるのは，この揚力によって，機体が浮くからなのです。翼のほかにも，飛行機には飛ぶためのしくみがいくつもそなえられています。大きな推進力のエンジン，翼にある燃料タンク，

丈夫な機体などです。

　本書は，ライト兄弟の挑戦から，ジェット旅客機，最新鋭戦闘機まで，飛行機のテクノロジーをゼロから学べる1冊です。“最強に”面白い話題をたくさんそろえましたので，どなたでも楽しく読み進めることができます。どうぞお楽しみください!

ニュートン超図解新書

最強に面白い
飛行機

第1章
ライト兄弟の挑戦

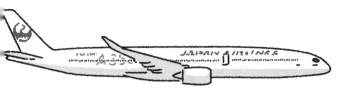

第5章
緊張の一瞬。飛行機の着陸

第6章
もっと知りたい！ 飛行機のこと

【本書の主な登場人物】

ウィルバー・ライト

（1867 ～ 1912）

アメリカの飛行機開発のパイオニア。弟のオービルとともに，人類初の有人飛行に成功。その後，飛行機の実用化と普及に努めた。

オービル・ライト

（1871 ～ 1948）

アメリカの飛行機開発のパイオニア。人類初の有人飛行に成功後，航空関係のさまざまな委員会で活動し，飛行機の発展に貢献した。

ツバメ

中学生

第1章

ライト兄弟の 挑戦

人類がはじめて有人動力飛行に成功したのは，1903年12月17日のことです。第1章では，偉業をなしとげた，ライト兄弟の挑戦をみていきましょう。

1 自転車店の兄弟がつくった, ライトフライヤー号

4年という短期間で, 偉業をなしとげた

1903年12月17日, ライト兄弟はアメリカの ノースカロライナ州キティーホークで, みずから 開発した「ライトフライヤー号」に乗りこみ, 人類初の有人動力飛行を成功させました。

ライト兄弟とは, 自転車店をいとなんでいた ウィルバー・ライト(兄, 1867 ～ 1912)とオー ビル・ライト(弟, 1871 ～ 1948)の2人です。 すぐれた開発戦略と, 科学的で緻密な予備実験, そして人並みはずれた情熱によって, ライト兄 弟はわずか4年という短期間で, 偉業をなしとげ ました。

1 ライトフライヤー号

ライト兄弟が1903年に開発した，ライトフライヤ
ー号をえがきました。パイロットは，腹ばいになっ
て操縦します。

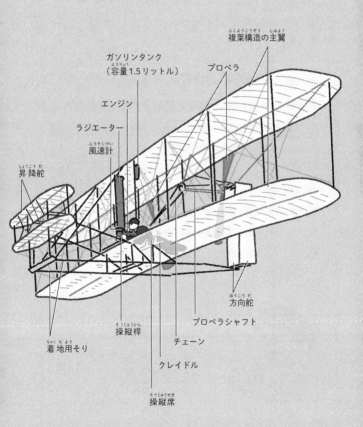

複葉構造の主翼

ガソリンタンク
（容量1.5リットル）

プロペラ

エンジン

ラジエーター

風速計

昇降舵

操縦桿

着地用そり

クレイドル

操縦席

チェーン

プロペラシャフト

方向舵

15

エンジンからプロペラまで，すべてを自作した

　ライトフライヤー号は，ガソリンエンジンで駆動するプロペラ機です。機体の大きさは，全長6.4メートル，高さ2.7メートル，重量274キログラム，翼の全幅は12.3メートルです。

　ライト兄弟は，骨格はもちろん，エンジンからプロペラに至るまで，機体のすべてを自作しました。ライトフライヤー号には，ライト兄弟によるさまざまな工夫がもりこまれています。

エンジンは外部に製作を依頼したけど，どの業者も引き受けてくれなかったので，僕たちの助手の助けを借りて，自作したのだ。

2　特許取得！　ねじることができる特別な翼

空を舞う鳥からヒントを得た

　ライトフライヤー号について特筆すべきは，機体をコントロールするためのしくみが確立されていることです。そのなかで最もすぐれた発明の一つが，機体を旋回させるための構造である「たわみ翼」です。空を舞う鳥が翼をひねって旋回していることにヒントを得たライト兄弟は，ねじることができる翼をたわませて旋回するしくみを考えついたのです。

　ライト兄弟は，このたわみ翼による操縦方法について，1904年にドイツで，1906年にアメリカで特許を取得しました。

人の操縦に鋭く反応する
飛行機をめざした

　初飛行をきそったいくつかの飛行機は，風など
によって機体がバランスをくずすと，それを自動
的に立て直すためのしくみがそなえられていまし
た。しかしこのようなしくみは，操縦に対する
機体の反応を鈍いものにしてしまいます。

　**ライト兄弟は，飛行機を設計するにあたり，
みずからの意思で操縦できるという点を重視し
ました。**機体をあえて不安定なつくりにしてお
き，人の操縦に鋭く反応する飛行機をめざした
のです。

「たわみ翼」の構造は，兄さんが
偶然，紙製の箱をひねってひらめ
いたといわれているよ。

18

2 ライトフライヤー号の操縦法

操縦席のクレイドル（腰で操作する鞍）の動きがたわみ翼の主翼に伝わると，主翼がねじれます。また，主翼と連動して，方向舵が動きます。その結果，機体が旋回します。昇降舵は，操縦桿で操作します。

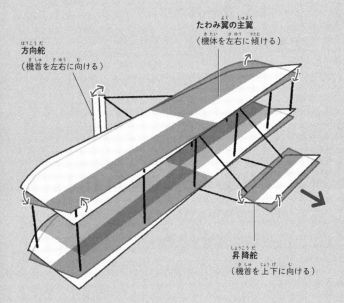

たわみ翼の主翼
（機体を左右に傾ける）

方向舵
（機首を左右に向ける）

昇降舵
（機首を上下に向ける）

主翼をねじることで，機体が旋回するツバメ！

19

リリエンタールが
空を舞う姿が写っていた

　自転車店をいとなんでいたライト兄弟は,1894年のある日,雑誌に掲載された写真を見て心を奪われました。ドイツの航空研究家のオットー・リリエンタール(1848〜1896)が,グライダーに乗って空を舞う姿が写っていました。しかしその2年後,リリエンタールが墜落死したことを知り,衝撃を受け,自分たちで飛行機をつくりたいという思いを強くしました。そして航空研究に関するさまざまな文献を熟読し,空気力学についての理解を深めていきました。

3　自作の風洞実験装置

ライト兄弟は，小麦粉の箱にガソリンエンジンで駆動する送風機を取りつけて，風洞実験装置をつくりました。風洞実験装置の内部に，翼の揚力を測る天秤や翼の抵抗を測る天秤を設置し，そこにミニチュアの翼を取りつけて実験を行いました。

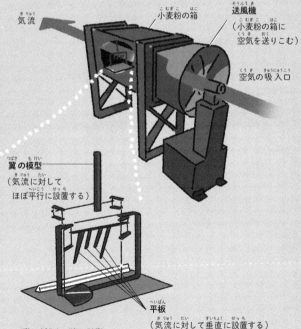

風洞実験装置

気流

小麦粉の箱

送風機
（小麦粉の箱に
空気を送りこむ）

空気の吸入口

翼の模型
（気流に対して
ほぼ平行に設置する）

平板
（気流に対して垂直に設置する）

翼の揚力を計る天秤
翼が生みだす揚力を，平板が押される力とつり合わせて求める。

翼が生みだす揚力と抵抗を 測定しなおした

　ライト兄弟は，1900年に1号機，1901年には 2号機のグライダーを製作しました。翼の形は， リリエンタールのデータを参考にして決めまし た。しかしどちらのグライダーも，期待した性能 は示しませんでした。翼が，機体を浮かせる力 である「揚力」を，リリエンタールのデータどお りには発生させていないようでした。

　そこで，小麦粉の箱に送風機を取りつけて「風 洞」とよばれる実験装置をつくり，翼が生みだす 揚力と抵抗をみずからの力で測定しなおしまし た。そして最適な性能を示す翼の形を突きとめ たのです。

4 人類初の有人動力飛行は，
弟が操縦！

ライトフライヤー号が
とうとう完成

　風洞実験の成果は，絶大でした。1902年に製作した3号機のグライダーは，期待どおりの飛行能力をみせたのです。1903年，ライト兄弟は3号機グライダーによる飛行実験を1000回くりかえし，操縦技術をみがきました。そしてグライダーに自作のエンジンとプロペラを取りつけ，ライトフライヤー号はとうとう完成しました。

　ライトフライヤー号の初飛行は，1903年12月14日に試みられました。コイントスの結果，操縦者は兄のウィルバーに決まりました。しかし飛行は失敗し，機体は破損してしまいました。

約11メートル滑走したのち，浮き上がった

　修復を終えた12月17日午前10時35分。朝から秒速10 ～ 12メートルの北風が吹くキティーホークで，ライト兄弟はふたたび初飛行にいどみました。今度は，弟のオービルが操縦する番でした。

　南北方向に設置した長さ18メートルの滑走用のレールに沿って，北に向かって約11メートル滑走したのち，ついに機体がふわりと浮き上がりました。飛行距離わずか36メートルの，人類はじめての有人動力飛行の瞬間でした。立会人は，わずか5人でした。

実験を行ったキティーホークは，一定の強い風が吹く砂地で，墜落しても安全だし，飛行に適していたのだ。

4 記念すべき初飛行

ライトフライヤー号は初飛行で，距離36メートル，
時間にして12秒間飛びました。

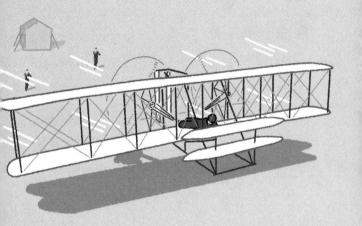

超音速に世界一周。飛行機は急激に進化した

ロケット機が，音速の壁を突破した

1903年に行われたライト兄弟の初飛行から，航空工学は爆発的ともいえる，急激な進歩をとげました。なかでも推進装置の進化は，飛行機の飛行速度と活動範囲を，飛躍的に向上させました。

1947年，ロケットエンジンを搭載したロケット機「X-1」が，人類史上はじめて音速の壁を突破しました。ロケット機は，飛行速度が速いだけでなく，空気にかわる酸化剤を使って燃料を燃やすため，空気のないところでも推進することができます。つまり人類は，宇宙空間を移動する手段を手に入れたのです。

無着陸，無給油で，世界一周に成功した

　1986年12月14日には，アメリカを出発したプロペラ機「ボイジャー号」が，216時間をかけて4万212キロメートルを飛び，無着陸・無給油での世界一周飛行に成功しました。そして2007年には，機体全長73メートル，主翼全幅79.8メートルを誇る，超大型ジェット旅客機エアバス「A380」が就航しました。

　このように飛行機は，いまもなお，進化をつづけているのです。

飛行機は，ライト兄弟が初飛行をしてから100年ちょっとで，すごく進化したんだツバメ！

5 航空史に刻まれる飛行機

ロケット機「X-15」，プロペラ機「ボイジャー号」，ジェット旅客機「A380」をえがきました。X-15は，1963年に最高高度記録の高度10万7960メートル，1967年に最高速度記録の時速7274キロメートルを達成しました。

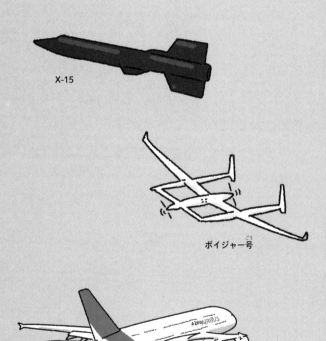

X-15

ボイジャー号

A380

近年の主な航空史

1903年	ライト兄弟，「ライトフライヤー号」による初の動力有人飛行
1909年	ブレリオ，プロペラ機によるドーバー海峡横断飛行
1927年	リンドバーグ，プロペラ機による大西洋横断単独飛行
1947年	ロケット機「X-1」による世界初の超音速飛行
1949年	初のジェット旅客機デ・ハビランド「コメット」の初飛行
1963年	ロケット機「X-15」による最高高度記録樹立
1967年	ロケット機「X-15」による最高速度記録樹立
1968年	世界初の超音速旅客機（SST）ツポレフ「Tu-144」の初飛行
1969年	巨大ジェット旅客機ボーイング「B747」の初飛行
1969年	超音速旅客機「コンコルド」の初飛行
1981年	「スペースシャトル」初飛行
1986年	「ボイジャー号」が，無着陸・無給油での世界一周飛行に成功
2007年	史上最大のジェット旅客機エアバス「A380」が就航.
2016年	電動飛行機「ソーラーインパルスⅡ」が，世界一周飛行を達成

人類初！
地球外での動力飛行

2021年4月19日，NASA（アメリカ航空宇宙局）の火星ヘリコプター「インジェニュイティ」が，火星での飛行試験に成功しました。これは，人類がはじめて，地球外での動力飛行に成功した瞬間でした。

インジェニュイティは，火星探査車「パーシビアランス」に搭載されて火星に運ばれた，超小型で超軽量なヘリコプターです。機体本体は13.6×19.5×16.3センチというティッシュ箱程度の大きさで，直径1.2メートルの回転翼を二つもちます。機体の総質量は，1.8キログラムしかありません。

インジェニュイティの回転翼が本体に対して長いのは，火星の重力が地球の約3分の1である反面，大気の密度は地球の約100分の1しかないからで

す。揚力は，大気の密度に比例します。このため火星での飛行は，容易なことではありませんでした。NASAは，人類初の地球外での動力飛行の成功を記念して，インジェニュイティが離着陸飛行を行った場所を，「ライトブラザーズフィールド」と名づけました。

火星の空を飛ぶインジェニュイティのイメージです。インジェニュイティには，ライト兄弟のライトフライヤー号の主翼の布の一部が搭載されました。布は切手ほどの大きさで，太陽電池パネルの下面のケーブルを包むのに使われています。

ライトフライヤー号のその後

兄・ウィルバーも挑戦弟・オービルが初飛行に成功したあと

次は僕だ！

弟の36メートルを上まわる52・5メートルを飛んだ

その後3回目にオービルが60メートル

4回目にウィルバーが260メートルを飛んだ

兄弟が5人の立会人と喜びあっていると突如強風が吹いた

うわー

飛行機がころがっていってしまった

兄弟はあわてて、かけより機体を確認。損傷がはげしく飛べない状態だった

がっくり

その後、この機体は修復されて、今はスミソニアン航空宇宙博物館に展示されている

争いに疲れ果て……

兄弟はたわみ翼の特許をめぐってライバルとひんぱんに裁判で争った

特許侵害だ！

オートバイのエンジン製造者で飛行機製作に参入したグレン・カーチスとは何度も争った

まねをするな！

まねじゃない！

しかし兄弟のきびしい追求は他の反感を買う

兄弟のもとをはなれる友人もいた

争っている間に航空技術は急速に進歩

発明家としての名声は得たものの実業家としては成功しなかった

ガーン…

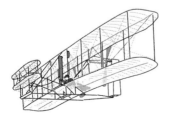

第2章

史上最大の旅客機

A380

2007年に就航したエアバス社の超大型ジェット旅客機「A380」は，史上最大の旅客機です（2024年5月時点）。ここからは，A380にそなえられているさまざまなしくみをみながら，飛行機が飛べる秘密にせまっていきます。まず第2章では，A380の機体を，くわしくみてみましょう。

エアバス「A380」の最大重量は，560トン！

長さと幅は，サッカーグラウンドに近い

史上最大のジェット旅客機である「A380」は，ヨーロッパのエアバス社によってつくられました。

A380は，全長（機首から機体尾部まで）が72.72メートル，全幅（主翼の端からもう一方の端まで）が79.75メートルもあります。この大きさは，サッカーグラウンドの大きさ（68メートル×105メートル）を思い浮かべると，想像しやすいでしょう。

高さは，8階建てのビルに相当

　A380の垂直尾翼の先端は，地上から24.09メートルの高さです。これは，8階建てのビルの高さに相当します。そしてA380の重さは，機体と燃料，乗客，貨物を合わせると，最大で560トンにもなります。

　A380は，マイナス30℃の極寒の中でエンジン性能を確かめる「寒中テスト」や，砂漠地帯で実施される「猛暑テスト」，合計2500時間以上におよぶテストフライトを経て，2005年に完成しました。

どうして，こんなに大きくて重い金属のかたまりが，空を飛べるんだろう？

37

1 A380の身体測定

A380の基本データをまとめました。

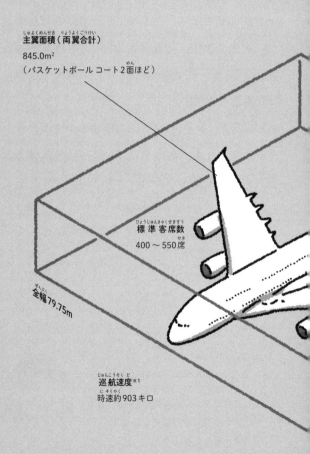

主翼面積（両翼合計）

845.0m²

（バスケットボール コート2面ほど）

標準客席数
400 ～ 550席

全幅79.75m

巡航速度※1
時速約903キロ

水平尾翼面積（両翼合計）

205.6m²

（テニスコート1面ほど）

垂直尾翼面積

122.36m²

（テニスコート半面ほど）

全高24.09m

（8階建てのビルの高さほど）

水平尾翼幅

30.37m

離陸最大重量※3

560.0トン

運航自重※2

276.8トン

全長72.72m

※1：もっとも経済的な飛行ができるときの速度。
※2：機体重量に加えて、乗員とその手荷物、旅客への
　　　サービス用品、食料などの重量を加えたもの。
※3：離陸することができる最大の機体全体の重量。

**客室部分は総2階建て！
400人で旅行可能**

客室内は，非常に静か

　A380は，客室部分がなんと総2階建てになっています。標準的な座席数は，4クラス式（ファースト・ビジネス・プレミアムエコノミー・エコノミー）で400〜550席，3クラス式（ファースト・ビジネス・エコノミー）で525席です。内装や座席数は航空会社によってことなり，2クラス式（ビジネス・エコノミー）で615席を採用した航空会社もあります。

　いずれの仕様でも，A380の客室内は，従来機にくらべて非常に静かであることが特徴です。

2 A380の内部

41〜45ページに，A380の内部をえがきました。客室は，3クラス式（ファースト・ビジネス・エコノミー）です。機体前方は客室を，機体後方は胴体を構成するパネルをえがいています。

客席
標準的な座席数は，3クラス式（ファースト・ビジネス・エコノミー）で525席です。

サービスドア
食事などの搬入や非常時の脱出に使用します。

コックピット

レドーム
気象状況を把握するためのレーダー装置が収められています。

AIRBUS

貨物室
3層構造の胴体の最下層は貨物室です。積める貨物の最大重量は約91トンと，旅客機では最大です。

ファーストクラス

1.7m

ノーズギア

41

塗装（とそう）

サビ止めなどの重要（じゅうよう）な役割（やくわり）があります。塗装（とそう）の厚（あつ）みは0.1ミリメートルと非常（ひじょう）に薄（うす）いにもかかわらず，全体（ぜんたい）では500kgをこえます。

アンテナ

地上（ちじょう）の管制塔（かんせいとう）と交信（こうしん）をする「通信用（つうしんよう）アンテナ」や，GPSの電波（でんぱ）を受信（じゅしん）する「航法用（こうほうよう）アンテナ」など，さまざまなアンテナが，機体（きたい）の各所（かくしょ）に取（と）りつけられています。

上部衝突防止灯（じょうぶしょうとつぼうしとう）

ほかの飛行機（ひこうき）との衝突（しょうとつ）を防（ふせ）ぐための航空灯（こうくうとう）です。離陸（りりく）のために移動（いどう）をはじめる前（まえ）に点灯（てんとう）を開始（かいし）し，運航中（うんこうちゅう）は昼夜関係（ちゅうやかんけい）なくつねに点灯（てんとう）しています。

AIRBUS A380

ギャレー

食（た）べ物（もの）の調理（ちょうり）や準備（じゅんび）を行（おこな）う場所（ばしょ）。

エコノミークラス

ターボファンエンジン

A380には4基（き）搭載（とうさい）されています。

胴体

総2階建ての客室と貨物室1階の，あわせて3層構造です。新素材を使用して胴体のフレーム間隔を従来構造の2倍に広げることで，軽量化を実現させました。

パッセンジャードア

機体左側のドア。機体前方のドアは乗客の乗り降りに，機体後方のドアは荷物の搬入や非常時の脱出に使用されます。1階に五つ，2階に三つあります。

ビジネスクラス

ウイングギア

両主翼にそれぞれ4輪ずつついています。

ボディギア

胴体の右側と左側にそれぞれ6輪ずつついています。

フラップトラックフェアリング

ウイングチップフェンス

翼の端にできる渦がつくりだす
空気抵抗を減らす役割をもちます。

複合材料

巨大なA380にとって，機体の軽量化は必須です。そのため，A380
の水平尾翼や垂直尾翼，客室2階の床，後部圧力隔壁などには，軽
くて強いという特徴をもつ，「炭素繊維強化プラスチック（CFRP）」
などの複合材料が使用されています。

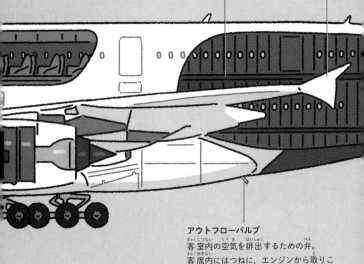

アウトフローバルブ

客室内の空気を排出するための弁。
客席内にはつねに，エンジンから取りこ
んだ新鮮な空気が送りこまれていて，10
分ほどで空気は一新されます。

垂直尾翼
左右方向の運動に対する
安定性を高めます。

方向舵（ラダー）
機首を左右に向ける
ときに使う舵です。

補助動力装置（APU）
地上待機中に発電し，空調を動
かしたり照明をつけたりします。
また，メインエンジンを起動さ
せるための動力も供給します。

水平尾翼
上下方向の運動に対する
安定性を高めます。

後部圧力隔壁
旅客機が飛ぶ上空10キロメートルという高高度でも酸欠にならないよう，
コックピットや客席は与圧（加圧）されています。この与圧されている
胴体部分と，それより後ろの尾部を分ける壁が，後部圧力隔壁です。
隔壁より後ろ側の部分は与圧する必要がないので，外気にさらされています。

総床面積は，
「B747」のおよそ1.5倍

A380の2階建ての客室の下には，さらに貨物室が1階あります。つまりA380の胴体は，3層構造となっています。貨物室に積める貨物の最大重量は約91トンで，旅客機としては最大です。

A380の総床面積は，「ジャンボジェット」の愛称で親しまれたアメリカのボーイング社の旅客機「B747」の，およそ1.5倍にもなります。このためA380は，「スーパージャンボ」とよばれることもあります。

ちなみに，飛行機の塗装は4年から5年おきに行われる「D整備」のときに，塗り直されるのだ。D整備は約1ヵ月もかけて行われる，最も入念な検査なのだ。

memo

3 胴体の大きさにくらべて、主翼が特別に長い

主翼は、軽くて強い「アルミニウム合金」製

A380を前から見ると、胴体の大きさにくらべて、主翼が非常に長いことがわかります。さらに主翼には、左右合わせて4基の巨大なターボファンエンジンが搭載されています。エンジンの重さは、1基で約6.5トンもあります。

主翼の厚さは、平均して1メートルほどしかありません。翼が折れてしまわないのは、主翼と主翼のつけ根部分が、軽くて強い「アルミニウム合金」でつくられているためです。

3 前から見たA380

49 ～ 53ページに，A380を前面から見たようすを
えがきました。

主翼

重く，巨大なA380を浮かせるための
「揚力」を生みだす翼。全幅は79.75メ
ートルもあるにもかかわらず，その厚
さは平均して1メートルほどしかあり
ません。ほぼアルミニウム合金でつく
られています。主翼の中は，燃料タン
クとなっています。

位置灯（緑）

夜間でも，旅客機の進行方向がわかる
ようにするためのライト。どの旅客機
も，主翼の左先端には赤色の，右先
端には緑色の位置灯がついています。

ターボファンエンジン

大量の空気を吸いこんで，ファンで加速して噴出させ
ることで推力を得ます。空気を吸入するファンの
直径は，約3メートルもあります。推力は最大で
34.5トン重であり，燃焼温度は2000℃をこえます。

ピトー管

飛行速度を測定する装置。
空気の圧力は，静圧（大気圧）と
動圧（運動によって生じる圧力）に
分けられます。ピトー管はこれらの
和（総圧）をはかり，ピトー管の
前方にある「静圧孔」は静圧を
はかります。これらの値から，
対気速度（大気に対する相対的な
飛行速度）を求めることができます。
ピトー管は，多機能プローブを含め，
機首の側面に二つずつ，計四つあります。

フラップトラックフェアリング

「フラップ」を動かすための装置。
フラップを動かすジャッキや，
フラップが沿って動くレールなどが
入っています。飛行中の空気抵抗を
減らすため，カバーで覆われています。

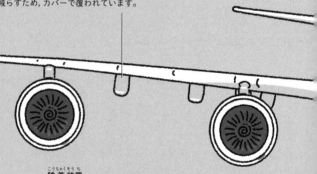

降着装置

タイヤやホイール，緩衝装置などからなります。A380には，機体前方
についたノーズギア（2輪），胴体についたボディギア（計12輪），主翼
についたウイングギア（計8輪）の合計22個タイヤがついています。

多機能プローブ
ピトー管と迎角センサーと
静圧ポートが一体化したもの。

サイドスリップベーン
（横滑り角センサー）

着陸灯
滑走路を照らす
ための白熱灯。

静圧孔

コックピット
操縦士と副操縦士が乗り、飛行機の操縦を
行う場所。基本的に、一方の操縦士が
操縦を行い、もう一方の操縦士は
管制塔との無線通信などを行います。

アイスディテクター
エンジンや翼が氷結すると、
故障や失速の危険性が発生します。

そこで、この「アイスディテクター」
というセンサーによって、機体の
着氷を検知しています。もし着氷が
検知された場合、翼の前縁部を温めて
着氷を防ぐなどの対策をとります。

1.7m

ウイングギア
（4輪）

ボディギア
（6輪）

ノーズギア
（2輪）

ボディギア
（6輪）

ウイングギア
（4輪）

51

垂直尾翼

横方向からの風に対する安定性を
高めます。また，垂直尾翼の
「ラダー」を動かすことで，
機首を左右に向けることができます。

水平尾翼

上下方向の運動に対する安定性を高めます。
また，水平尾翼の「エレベーター」を動かす
ことで，機首を上下に向けることができま
す。水平尾翼の中も，主翼と同様に，燃料
タンクとなっています。

着陸灯

ウイングチップフェンス

A380の主翼の先には,「ウイングチップフェンス」とよばれる小さな矢じりのようなものがついています。これを取りつけることで,主翼の下面から上面へと,空気の流れがまわりこまないようにしています。ウイングチップフェンスをつけるだけで,燃費が約5％も向上するといわれます。

位置灯（赤）

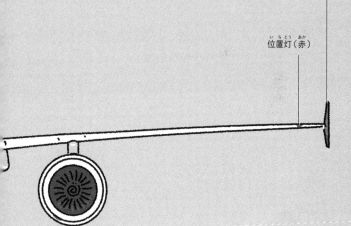

巨大な翼が生みだす「揚力」で，空を飛ぶ

A380の主翼の面積は，左右合わせて845平方メートルにおよびます。これは，バスケットボールコート二つ分に相当します。この巨大な翼が生み出す「揚力」によって，A380は空を飛ぶことが可能になります。

A380が搭載するターボファンエンジンは，1基あたり最大で30トン重以上の推力を出す能力をもつ，強力なエンジンです。

エンジンの中心部には，らせんの模様がつけられているよ。これは，鳥の衝突を防ぐ目的のほか，エンジンが回転しているか止まっているかを整備士がすぐに把握できるようにする役割があるんだ。

memo

4 ▶ 最新鋭の「A350 XWB」、日本でも運行開始!

短距離から超長距離まで対応する旅客機

2019年, エアバス社の新型ジェット旅客機「A350 XWB」シリーズが, 日本国内で運行を開始しました。

A350 XWB は, 短距離から超長距離まで幅広い路線に対応する旅客機で, 運航できる最大距離などがことなる, 「A350-900」と「A350-1000」の2種類があります。このうち A350-900 が, 2019年9月1日に, 日本航空(JAL)の羽田−福岡間で運行を開始しました。JAL は 2024年以降, 国際線でも A350 XWB を運行しています。

燃料消費量と CO_2 排出量を，約25％削減

　A350 XWB には，さまざまな最先端の技術が搭載されています。

　たとえば，飛行速度に応じて主翼後部についている「フラップ」とよばれる部分を最適に動かして，空気抵抗を小さくするしくみがそなわっています。また，機体の約53％が，強度と軽さをあわせもつ「炭素繊維強化プラスチック（CFRP）」でつくられています。その結果，A350 XWB は，燃料消費量と CO_2 排出量を，前世代の旅客機から約25％も減らすことに成功しました。

「A350 XWB」が運航できる最大の距離は「A350-900」が1万5000キロメートル（日本-ニューヨーク間の距離は1万844キロメートル），「A350-1000」が1万6100キロメートルだツバメ。

4 A350 XWBの基本性能

A350 XWBの基本性能をまとめました。イラストは，JALのデザインに塗装されたA350-900です。

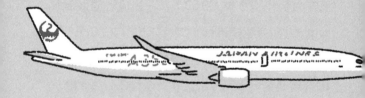

A350-900

	A350-900	A350-1000
全長	66.80m	73.79m
キャビンの長さ	51.04m	58.03m
胴体幅	5.96m	5.96m
最大キャビン幅	5.61m	5.61m
全幅	64.75m	64.75m
全高	17.05m	17.08m
トラック（主脚間の距離）	10.60m	10.73m
前輪軸と後輪軸の間の距離	28.66m	32.48m
最大座席数	440席	440席
3クラス式の標準客室※1の座席数	300～350席	350～410席
床下貨物室に収容できるコンテナの数※2	36個	44個
床下貨物室に収容できるパレットの数	11個	14個
床下貨物室の容積	223m³	264m³

※1：3クラス式（ファースト・ビジネス・エコノミー）の標準タイプの客室。
※2：コンテナの仕様がLD3タイプの場合。

博士！教えて!!

横綱は飛行機に乗れるの？

博士，お相撲さんは，飛行機に乗れるんですか。あんなに体が大きかったら，席に座れなくないですか。

そうじゃのう。体重150キロぐらいまでのお相撲さんなら，エコノミークラスの席にも座れるそうじゃ。じゃが，シートベルトの長さが足りないことがあって，そのときにはシートベルトを延長してもらうらしい。

じゃあ，もっと大きいお相撲さんはどうなんですか。

一つの席じゃ無理じゃ。そういう場合は，二つの席を予約して，ひじ掛けを上げて座るしかないのう。

へぇ〜。でも,飛行機が傾いたりしないんですか。

うむ。お相撲さんや体の大きいスポーツ選手などには，事前に体重を申告してもらって，飛行機が傾かないように座席をふり分けているんじゃ。

へぇ～。

紙飛行機の
世界記録は29.2秒

　さまざまな世界記録を認定している「ギネス世界記録」には，紙飛行機に関するものも数多くあります。**ギネス世界記録によると，紙飛行機の滞空時間の世界記録は，なんと29.2秒だそうです。**日本折り紙ヒコーキ協会会長の戸田拓夫さんが，2010年12月に記録しました。

　一方，紙飛行機の飛行距離の世界記録は，なんと88.31メートルだそうです。これは，サッカー場のほぼ全長にあたり，アメリカのボーイング社の若いエンジニアが紙飛行機を設計し，2022年12月に記録しました。

　ギネス世界記録にはほかにも，紙飛行機の大きさの世界記録は翼幅18.21メートルといったものや，紙飛行機を発射した高度の世界記録は3万5043メ

ートルといったものもあります。**だれでも手軽に**
挑戦できて，工夫次第ですごくよく飛ぶところが，
紙飛行機の魅力といえるでしょう。

第3章

いよいよ大空へ！
飛行機の離陸

A380の重量は，最大で560トンにもなります。これほど重い機体が，なぜ空中に浮き上がることができるのでしょうか。第3章では，飛行機の離陸についてみていきましょう。

飛行機の翼は，燃料でたぷたぷ

翼の内部は，箱を並べたような形状

飛行機が空を飛ぶためには，丈夫な翼が必要です。飛行機の翼は，内部で「スパー」という仕切りと「リブ」という仕切りを縦横に組み合わせ，そこに「ストリンガー」という細長い骨材を加えて補強することで，強度を保っています。**その構造は箱を並べたような形状になっており，飛行機の燃料はこの箱の中にためられています。**

A380の場合，燃料は主翼内の燃料タンク（メインタンク）だけでなく，水平尾翼内の燃料タンク（トリムタンク）にもおさめられています。総容量は32万5550リットルで，燃料1リットルあたり0.8キログラムで計算すると，26万440キログラムにもおよびます。

水分の少ない燃料を使用

　　ジェット旅客機が使用する燃料は，「ケロシン」を主成分としています。ケロシンは，灯油から水分を抜いて純度を高めたものです。飛行機が飛ぶ上空10キロメートルは，気温がマイナス50℃にもなります。すると，ポンプの中で燃料内の水分が凍りついてしまう可能性があります。これを防ぐために，水分の少ない燃料を使用しているのです。

A380は最大出力のとき，1基の
エンジンで1秒間に6リットルも
の燃料を消費するのだ。

67

1 燃料タンクの位置

A380の燃料タンクの位置を示しました。メインタンクとトリムタンクのほかにも，特殊な役割をもつ燃料タンクがあります。

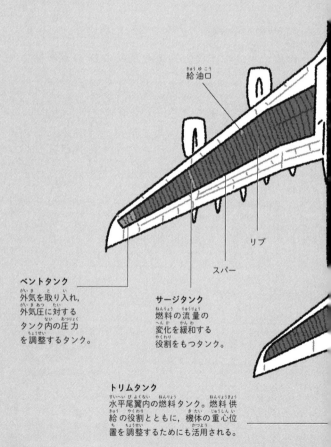

給油口

リブ

スパー

ベントタンク
外気を取り入れ，外気圧に対するタンク内の圧力を調整するタンク。

サージタンク
燃料の流量の変化を緩和する役割をもつタンク。

トリムタンク
水平尾翼内の燃料タンク。燃料供給の役割とともに，機体の重心位置を調整するためにも活用される。

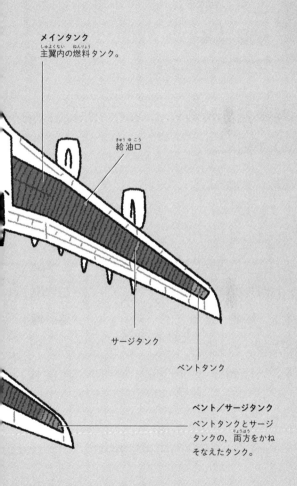

メインタンク
主翼内の燃料タンク。

給油口

サージタンク

ベントタンク

ベント／サージタンク
ベントタンクとサージ
タンクの，両方をかね
そなえたタンク。

注：イラストに，ストリンガーはえがかれていません。

69

燃料が主翼付近にないと，重心が変わる

　燃料が主翼内にためられている理由は，大きく二つあります。

　一つ目の理由は，「重心」の問題です。機体の重心は，主翼付近にあります。もし燃料が主翼付近になければ，燃料を大量に積んだ状態の離陸時と，燃料がほとんど残っていない状態の着陸時とで，重心の位置が大きく変わってしまいます。これでは，飛行機の操縦は非常にむずかしいものになってしまうでしょう。

主翼のつけ根に作用する荷重を，小さくできる

二つ目の理由は，「おもし」の役割です。飛行中，主翼には上向きに「揚力」がはたらきます。この力は，機体全体の重量に相当する，巨大な力です。

A380の場合は，片翼で最大280トンもの揚力がはたらきます。一方で主翼には，重力という下向きの力もはたらきます。揚力と重力は，反対の向きにはたらくため，たがいに打ち消しあいます。燃料を主翼に積むと，主翼にはたらく重力が燃料の質量の分だけ大きくなり，主翼のつけ根に作用する荷重を小さくすることができるのです。

荷重が小さくなる分，主翼の構造重量が軽くなるツバメ。

71

2 おもしの役割を果たす燃料

燃料を胴体に積んだ場合と，燃料を翼に積んだ場合の，主翼にかかる力のちがいをあらわしました。燃料を主翼に積んだほうが，翼のつけ根にかかる負担が小さくなります。

A. 燃料を胴体に積んだ場合

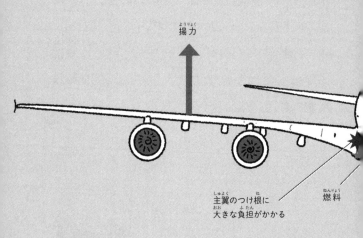

揚力

主翼のつけ根に大きな負担がかかる

燃料

燃料を主翼に積むと，翼のつけ根にかかる負担が小さくなるのね。

B. 燃料を主翼に積んだ場合

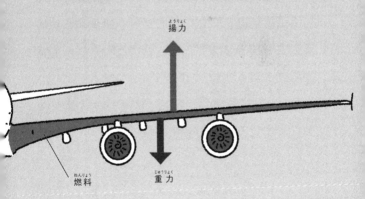

注：翼に燃料を積むと，客室の安全が保たれるという利点もあります。

離陸の際，主翼に上向きの力，水平尾翼に下向きの力

空気がもつ性質を活かし，体を浮かせている

　飛行機が，空気の流れを利用して飛ぶことができる秘密は，飛行機のもつ翼にあります。

　飛行機の翼は，翼の前方から来る風を受けることで，効率よく翼の上側を向く力を発生させることができます。この，飛行方向に対して垂直な力を「揚力」とよびます。

　飛行機は，空気（流体）の流れによって生じる力を利用して，自分の体を浮かせているのです。

上昇するためには，機首を持ち上げる必要がある

　滑走中の飛行機の主翼には上向きの揚力が発生します。しかし，飛行機が上昇するには十分ではありません。上昇するためには，機首を持ち上げる必要があります。

　離陸の際は，水平尾翼に発生する下向きの揚力を大きくさせます。すると機体後部が下に押しつけられて，機首が持ち上がります。機首が上を向くことで，主翼に空気が当たる角度である「迎え角」が大きくなります。迎え角が大きくなると揚力も大きくなるため，飛行機は離陸することができるのです。

飛行機は滑走路で徐々にスピードを上げていき，「機首上げ開始速度」とよばれる時速300キロメートルほどの速度をこえると，離陸するよ。

3 ▶ 離陸時に翼で発生する揚力

離陸の際，飛行機は水平尾翼の下向きの揚力を増加させ，機体後部を下げます。その結果，機首がもち上がり，主翼で発生する揚力が大きくなることで，飛行機は浮き上がります。

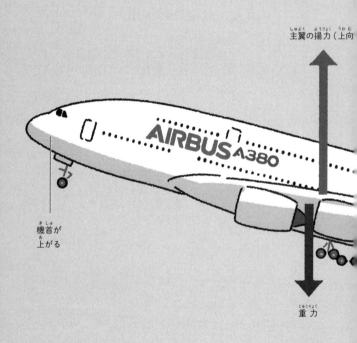

主翼の揚力（上向

機首が
上がる

重力

機体後部が下がる

A380

水平尾翼の揚力（下向き）

主翼の面積を，できるだけ大きくする

　飛行機の離陸を，翼のはたらきをみながら追ってみましょう。

　揚力は，飛行機の速度が大きいほど，また，翼の面積が大きいほど大きくなります。離陸時，飛行機の速度には限度があるため，離陸時には主翼の面積をできるだけ大きくする必要があります。そこで利用するのが，主翼の後部についている「フラップ」です。フラップをおろし，主翼の面積を大きくすることで，得られる揚力を大きくするのです。フラップには，翼の後端を下方に曲げて空気の流れを下向きに変えることで，揚力を増すはたらきもあります。

4 滑走から離陸まで

A380の，滑走から離陸までをえがきました。飛行機は，フラップをおろした状態で滑走路を走りはじめ，約3キロメートルで時速約300キロメートルまで加速し，水平尾翼のエレベーターを上げることで機首を上げ，離陸します。

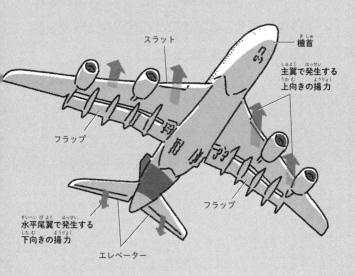

スラット

機首

主翼で発生する上向きの揚力

フラップ

フラップ

水平尾翼で発生する下向きの揚力

エレベーター

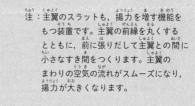

注：主翼のスラットも，揚力を増す機能をもつ装置です。主翼の前縁を丸くするとともに，前に張りだして主翼との間に小さなすき間をつくります。主翼のまわりの空気の流れがスムーズになり，揚力が大きくなります。

79

水平尾翼の
下向きの揚力を大きくする

　機首を持ち上げるときに利用するのが，水平尾翼の後部についている，上下に動く「エレベーター」です。このエレベーターを上げて，気流の角度を変えることで，水平尾翼に発生する下向きの揚力を大きくします。

　こうして飛行機は，主翼のフラップと水平尾翼のエレベーターを利用して揚力を変化させて，大空へと飛び立つのです。

機首上げの際に尻もちをついて機体がこわれないように，機体後部の下面には「テールスキッド」とよばれるソリのようなものがついているのだ。

memo

ペットと飛行機に乗れるの？

博士，将来，犬を飼う予定なんですけれど，いっしょに飛行機に乗れますか？　いつもいっしょにいたいし，旅行にも連れていきたいんです。

ふむ。航空会社にもよるが，犬の種類によっては，飛行機に乗れないことがあるじゃろうな。

えっ，なんでですか？

犬などのペットは，ケージに入れて，専用の貨物室で運ぶんじゃ。季節によって貨物室はとても暑くなるから，暑さに弱い犬は飛行機に乗れないんじゃ。

へぇ～。そうなんですね。じゃぁ，カマキリ
はどうですか？　この前つかまえたカマキリ，
飼ってるんです。

 昆虫は逃げないようにしておけば，客室に持
ちこめるようじゃ。じゃが，連れて行く必要
あるのかの。

 だって，元気にしているか，気になるんです。

世界初の大西洋単独無着陸飛行

1927年5月20日朝、アメリカの飛行家のチャールズ・リンドバーグ（1902〜1974）が乗った飛行機がニューヨークを離陸

翼よ、あれがパリの灯だ

翌日の午後10時すぎパリに着いたときの有名な言葉はのちの創作

パリに着いたときの最初のひとことは諸説ある

だれか英語を話せる人はいませんか？

トイレはどこですか？

ここはどこ？

実際は、パリに着いたかどうかもわかっていなかった

84

人工心臓の開発に取り組む

リンドバーグは
1902年にアメリカの
ミシガン州デトロイトで
生まれた

機械好きの
子どもだった

成長するにつれ
飛行機に興味をもち
パイロットになった

曲芸パイロットや
郵便物を飛行機で運ぶ
仕事もしていました

大西洋横断の後は
航空会社の依頼で
北太平洋航路を
調査飛行

奥さんを同伴して
日本にも訪れ
歓迎された

工学の知識を生かして
心臓病の姉のために
人工心臓を開発

完成前に姉は
亡くなりましたが
1935年に
完成しました

第4章

快適な空の旅，安定飛行のしくみ

出発地の空港を離陸した飛行機は，姿勢を制御しながら，目的地に向かって飛びつづけます。第4章では，快適な空の旅を生みだす，安定飛行のしくみをみていきましょう。

突風にも対応できるのは，尾翼があるから

突風を受けても，すぐに元の向きにもどる

　飛行機は離陸後，どのような姿勢の制御を行いながら，目的地に向かうのでしょうか。

　最初に，突発的な風への対応をみてみましょう。飛行機は飛行中に，予期せず突風を受けてしまうことがあります。しかしどんな突風を受けても，飛行機はすぐに元の向きにもどることができます。これは，水平尾翼と垂直尾翼のはたらきによるものです。

1 垂直尾翼による姿勢制御

垂直尾翼による姿勢制御のしくみをえがきました（1～3）。突風を受けて機首の向きが変わっても，自然と元の向きにもどるような力が発生します。このしくみは，風見鶏がつねに風上を向くことにちなんで，「風見安定」ともよばれています。

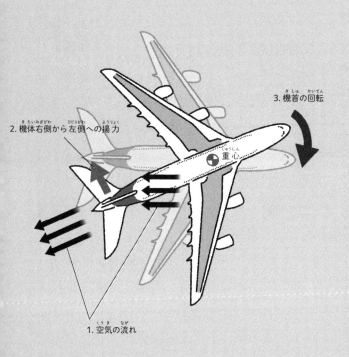

3. 機首の回転

2. 機体右側から左側への揚力

重心

1. 空気の流れ

垂直尾翼に
気流があたる角度が変わる

　たとえば飛行機が突風を受けて，機首が左を向いたとします。機体は，右側から風を受けることになります（89ページのイラストの1）。すると垂直尾翼に気流があたる角度が変わり，垂直尾翼には右側から左側に向けて横向きの揚力が生じます（2）。この揚力によって機体後部が左に振れると，機首は逆に右を向こうとします（3）。このように飛行機は，垂直尾翼のはたらきによって，自然と元の向きにもどるのです。

　機首の左右のゆれが垂直尾翼によって安定化されるように，機首の上下のゆれは，水平尾翼によって安定化されます。

memo

向きを変えるための舵が，三つついている

垂直尾翼と水平尾翼のはたらきは，機首のゆれを安定化させるだけではありません。パイロットの操縦で飛行機が向きを変える際にも，重要な役割を果たします。

飛行機には，向きを変えるための舵が，三ついています。垂直尾翼の「ラダー」，水平尾翼の「エレベーター」，主翼の「エルロン」です。パイロットはこの三つの舵を操作することで，機体の「左右方向の回転（ヨーイング）」「上下方向の回転（ピッチング）」「横方向の回転（ローリング）」を制御して，向きを変えるのです。

2-1 ラダーのはたらき ①

ラダーは，機体の左右方向の回転（ヨーイング）を制御します。

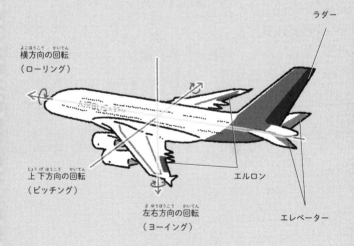

ラダー

横方向の回転
（ローリング）

上下方向の回転
（ピッチング）

エルロン

左右方向の回転
（ヨーイング）

エレベーター

ラダーを右に向けると，機首が右を向く

パイロットが機首を左右に向けるときは，垂直尾翼についているラダーを操作して，機体の左右方向の回転（ヨーイング）を制御します。

たとえばラダーを機体右側に向けると，垂直尾翼にはたらく右側から左側に向けての揚力が大きくなり，結果的に機首は右を向きます。また，この動きと，エルロンによる機体の左右の傾きの変化（100 〜 103ページ）を組み合わせて，飛行機は旋回を行います。

ラダーは操縦席の足元にあるラダーペダルで操作するのだ。左のペダルを踏むと機首は左に，右のペダルを踏むと機首は右に傾くのだ。

2-2 ラダーのはたらき ②

ラダーを機体右側に向けると，機首は右を向きます。

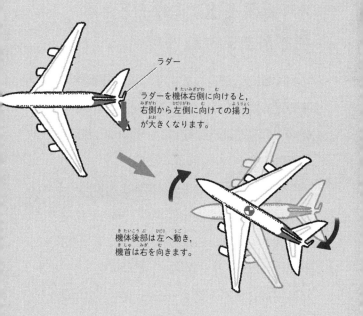

ラダー

ラダーを機体右側に向けると，右側から左側に向けての揚力が大きくなります。

機体後部は左へ動き，機首は右を向きます。

水平尾翼を上に向けると，
機首が上を向く

パイロットが機首を上下に向けるときは，水平尾翼についているエレベーターを操作して，機体の上下方向の回転（ピッチング）を制御します。

たとえばエレベーターを機体上側に向けると，水平尾翼にはたらく上側から下側に向けての揚力が大きくなり，結果的に機首は上を向きます。反対にエレベーターを機体下側に向けると，水平尾翼にはたらく下側から上側に向けての揚力が大きくなり，結果的に機首は下を向くのです。エレベーターは安定飛行のほかにも，とくに離陸や着陸の際に操作されます。

てこの原理で，大きな回転力を生みだす

　ラダーとエレベーター，エルロンは，三つあわせて「動翼」とよばれます。**小さい動翼が飛行機の向きを変えられる秘密は，動翼の位置にあります。**機体の重心が胴体の中央付近にあるのに対して，それぞれの動翼は重心から遠くはなれた機体の端にあります。このため小さい動翼で発生する揚力の変化が小さくても，てこの原理で，機体全体を動かす大きな回転力を生みだすことができるのです。

動翼は飛行機の本体と比べると，とても小さいけど，はたらき者ね！

3 エレベーターのはたらき

エレベーターは，機体の上下方向の回転（ピッチング）を制御します。エレベーターを機体上側に向けると，機首は上を向きます（右ページ）。

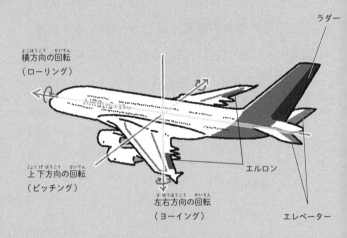

ラダー

横方向の回転
（ローリング）

上下方向の回転
（ピッチング）

左右方向の回転
（ヨーイング）

エルロン

エレベーター

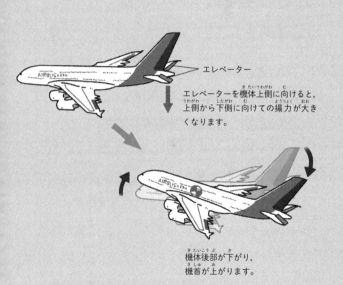

エレベーター

エレベーターを機体上側に向けると，上側から下側に向けての揚力が大きくなります。

機体後部が下がり，機首が上がります。

4 主翼を動かせば、機体を左右に傾けられる

左右の主翼のエルロンは、反対向きに動く

パイロットが機体を左右に傾けるときは、主翼についているエルロンを操作して、機体の横方向の回転（ローリング）を制御します。

エルロンを操作すると、左右の主翼のエルロンは、反対向きに動きます。たとえば左主翼のエルロンを機体下側に向けると、右主翼のエルロンは機体上側を向きます。すると、左主翼にはたらく下側から上側に向けての揚力が大きくなり、右主翼にはたらく下側から上側に向けての揚力は小さくなります。その結果、機体左側が浮かび上がり、機体右側が沈みこみ、機体は右に傾くのです。この動きと、ラダーによる機首の左右への向きの変更（93〜95ページ）を組み合わせ

て，飛行機は旋回を行います。

コンピューターが，
飛行状態を把握して制御

現在，離着陸以外の飛行（巡航）は，ほぼ「オートパイロット」で行われます。オートパイロットとは，コンピューターが機体の姿勢や速度といった飛行状態を把握して制御し，あらかじめプログラムされた巡航ルートを自動的に飛行するシステムです。

機体を左右に傾けるエルロンのはたらきは，ライトフライヤー号の「たわみ翼」と同じなんだツバメ。

4 エルロンのはたらき

エルロンは，機体の横方向の回転（ローリング）を制御します。
左主翼のエルロンを機体下側に向けると，右主翼のエルロンは
機体上側を向き，機体は右に傾きます（右ページ）。

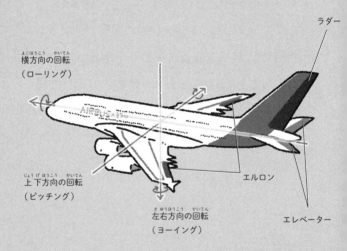

ラダー

横方向の回転
（ローリング）

上下方向の回転
（ピッチング）

左右方向の回転
（ヨーイング）

エルロン

エレベーター

エルロンを機体下側に向けると，
下側から上側に向けての揚力が
大きくなります。

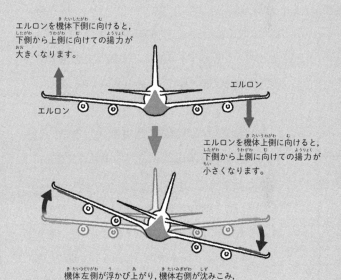

エルロン

エルロン

エルロンを機体上側に向けると，
下側から上側に向けての揚力が
小さくなります。

機体左側が浮かび上がり，機体右側が沈みこみ，
機体は右に傾きます。

機内食は味が濃いめ

　飛行機に乗るときの楽しみの一つは，機内食ではないでしょうか。この機内食，地上の食事とは少しことなる点があります。**実は地上の食事よりも，味つけが濃いめにつくられているのです。**

　機内食の味つけが濃い理由は，人間の味覚が，気圧の低下や騒音によって鈍くなるためです。気圧の低い上空では，胴体に大きな圧力差が生じるのを防ぐため，機内の圧力を0.8気圧まで下げています。また飛行中，客室内には常にエンジン音が響いています。このため機内では，甘味や塩味の感じられ方が，地上にくらべておよそ30％も低下するといわれています。さらに機内は乾燥しているため，嗅覚も鈍くなります。

　機内食をつくる地上のシェフたちは，この現象

を見こして，レシピを考えています。しかも，ただ単に調味料をふやして味つけを濃くするわけではなく，香りやうま味を調整して，はっきりした味つけにしているようです。機内食を食べるときに，シェフたちの工夫を探してみるのも，楽しいですね。

5 これがA380の心臓部！ターボファンエンジン

吸いこんだ空気を，燃焼させて噴出する

　巨大なA380を飛翔させる原動力は，両翼に取りつけられた4基の強力な「ターボファンエンジン」が生みだします。ターボファンエンジンは，大量の空気を吸いこみ，内部で加速させて，後方に噴出することで推力を得ます。

ターボファンエンジンの重さは，1基で約6.5トンもあるんだ。

5 A380のエンジン

A380に搭載される，ターボファンエンジンの「トレント900」をえがきました。

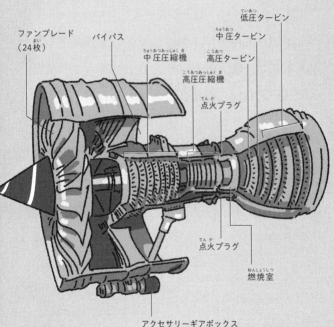

低圧タービン

中圧タービン

ファンブレード
（24枚）　　　バイパス　　　　　　　　　高圧タービン

中圧圧縮機

高圧圧縮機

点火プラグ

点火プラグ

燃焼室

アクセサリーギアボックス

圧縮機とタービンが，たくさん
並んでいるのね。

巨大な空気の取り入れ口をもつ

　A380には，「トレント900」か「GP7000」の
どちらかのターボファンエンジンが搭載されてい
ます。107ページのイラストは，トレント900を
えがいたものです。全長5.48メートルのトレン
ト900は，直径2.96メートルという巨大な空気
の取り入れ口をもちます。最大推力は，34.5ト
ン重に達します。

　109〜111ページでは，ターボファンエンジ
ンのしくみを，くわしくみてみましょう。

「トレント900」と「GP7000」は，
ファンが回転する方向が違ってい
て，正面から見て，トレント900
は時計まわりに，GP7000は反時計
まわりに回転すツバメ。

6 二手に分かれた空気が，大きな推進力を生む

中心部の空気は，燃焼室に送られる

　ターボファンエンジンはまず，巨大なファンによって大量の空気を吸入します（1）。**吸入された空気は二手に分けられ，中心部の空気は圧縮機で圧縮されて，燃焼室に送られます（2）。燃**焼室では，圧縮空気と燃料が混合されて，燃やされます（3）。燃焼の結果生じた高温・高圧のガスは，前方の圧縮機やファンを駆動するためのタービンを回し，ジェット噴流として排気されます（4）。

「バイパス流」が，ジェット噴流をおおう

　　　二手に分かれたもう一方の空気は，エンジンの中心部分をとり囲むように流れます。この流れを「バイパス流」とよびます。バイパス流の多い（バイパス比の高い）ターボファンエンジンでは，この空気の流れが大きな推進力を生んでいます。

　　バイパス流は，流れの速度が飛行機の速度に近いため，加速する能力は高くありません。そのかわり，バイパス流のもつ運動エネルギーが飛行機の推進力に変換される際に，ロスは小さくてすみます。つまり，燃費がよくなります。さらに，バイパス流にはジェット噴流をすっぽりおおうことで，騒音をさえぎる効果もあります。

6 ターボファンエンジンのしくみ

ターボファンエンジンのしくみを，模式的にえがきました。

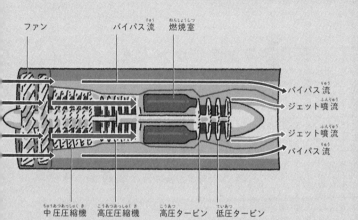

ファン　　　　バイパス流　燃焼室

バイパス流
ジェット噴流

ジェット噴流
バイパス流

中圧圧縮機　高圧圧縮機　高圧タービン　低圧タービン

1. ファン

ファンによって，空気を取りこみます。その一部は圧縮機へ入り，残りの大部分は周囲のバイパスを通り抜けます。

2. 圧縮機

圧縮機は何段階にも分かれていて，通り抜けるたびに圧力が高まります。

3. 燃焼室

高圧空気に燃料を噴射して燃焼させ，高温高圧のガスをつくります。

4. タービン

高温高圧ガスの噴出によって，タービンをまわします。このタービンの回転によって，前方のファンや圧縮機が動きます。通り抜けたガスが，ジェット噴流として排出されます。

エンジンからは，ジェット噴流だけでなくバイパス流も出てくるツバメ！

111

グラスコックピットで
操縦士の負担が軽減

　飛行機の飛行には，高度，速度，機体の姿勢，飛行航路の気象情報など，さまざまな情報が必要です。これらの情報は現在，液晶ディスプレイに集約されて表示されるようになっています。

これを，「グラスコックピット」といいます。このシステムのおかげで操縦士の負担は非常に軽減されました。

操縦席には，タッチパネル式の大型液晶ディスプレイが8枚も並んでいるのだ。

操縦輪を廃止，
サイドスティックを採用

　飛行機の操縦というと，Ｙ字型の「操縦輪」を思い浮かべるかもしれません。しかしA380では，操縦輪を廃止してサイドスティックを採用しています。計器盤とパイロットの間をさえぎるものがなくなり，座席の前面部分に引き出し式のテーブルやキーボードを取りつけることが可能となりました。これにより，腕を上げる必要がなくなり，長時間のフライトでも疲労が蓄積しなくなりました。

　またA380には，標準装備ではないものの，「ヘッドアップディスプレイ」の搭載も可能となっています。ヘッドアップディスプレイとは，操縦士の目線上に透明なスクリーンを置き，そこに情報を投影する装置です。

7 A380のコックピット

A380のコックピットをえがきました。エレベーターやエルロンの操作には、サイドスティックが用いられます。この二つの座席の後ろにもう二つ座席があり、交代要員を乗せることができます。

エンジンウォーニング
ディスプレイ

サイドスティック

機長の座席

ラダーペダル

スピードブレーキレバー

エンジンマスタースイッチ

システムディスプレイ

ナビゲーションディスプレイ

オーバーヘッドパネル

プライマリフライト
ディスプレイ

折りたたみ式
キーボード

オンボード
インフォメーション
ターミナル

副操縦士の座席

マルチファンクション
ディスプレイ

フラップレバー

スロットルレバー

115

卵の殻のような形をした 外板が荷重を受け止める

卵の殻のような外板が, 荷重を受け止める

　A380の胴体は, 卵形をした「フレーム」と, 前後方向に走る「ストリンガー」とよばれる補強材を組み合わせた,「セミモノコック構造」を採用しています。「モノコック」とは, フランス語の「卵の殻」を語源とする言葉です。

　セミモノコック構造では, フレームだけでなく, 卵の殻のような外板が, 機体にかかる荷重を受け止めます。内部空間を広く利用しながらも, 機体にかかる力に耐える強度をかねそなえるという特徴をもっています。

8 A380の胴体の構造

A380の胴体の構造をえがきました。前方から後方に向かって，卵形をしたフレームが何重にも連なっています。

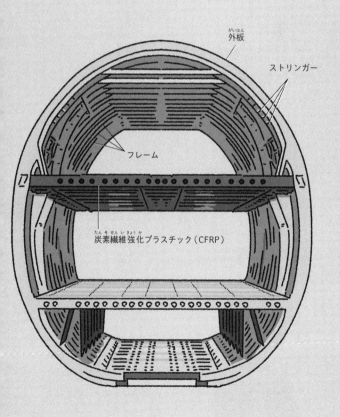

外板

ストリンガー

フレーム

炭素繊維強化プラスチック（CFRP）

客室2階の床は，複合材料

　現在の飛行機の胴体は，強度のあるアルミニウム合金に，「複合材料」とよばれる新しい素材を組み合わせてつくられています。

　A380では，たとえば客室2階の床に，複合材料の「炭素繊維強化プラスチック（CFRP）」を使用しています。CFRPは炭素繊維をエポキシ樹脂で固めたもので，軽さと強度をあわせもつという特徴があります。

　A380は，このCFRPをはじめとするさまざまな複合材料を，機体全体の約25％の部分で使用することで，従来設計よりもおよそ15トンもの重量軽減に成功しました。

「CFRP」は「Carbon-Fiber-Reinforced Plastic」の略。鉄鋼材料と同等の強度をもちながらも，重さはその4分の1以下なんだ。

memo

機長が下痢になったら
どうするの？

博士，飛行機の機長が，操縦中にお腹をこわしちゃったら，どうなるんですか？

なんでじゃ？

この前，遊園地に行ったんですけれど，帰りの車の中でお父さんが急にお腹が痛くなっちゃって。

ふぉっふぉっふぉっふぉっ。それは大変じゃったのお。飛行機の場合は，操縦室に副操縦士もおる。機長に何かあったときには，かわりに副操縦士が操縦をするんじゃ。

へぇ～。

機長は，普通の人以上に健康管理に気をつかっておる。でも，食中毒がおきないとも限らないじゃろ。だから機長と副操縦士は，ことなる時間にちがうメニューの食事をとる決まりになっているんじゃ。

へぇ～。いっしょに食事できないんだ～。

第5章

緊張の一瞬。
飛行機の着陸

空の旅の最後におとずれるのが，着陸です。飛行機はどのようにして，空中から地上へと，正確に降り立つのでしょうか。第5章では，飛行機の着陸についてみていきましょう。

滑走路まで，3種類の電波がやさしくガイド

着陸態勢に入った飛行機に，電波を発射

飛行機が着陸するときには，「計器着陸装置（ILS）」が示す，着陸経路の上を飛行します。**ILSとは，着陸態勢に入った飛行機に向けて空港や空港付近の地上から電波を発して，飛行機を着陸経路に誘導する装置です。**

ILSは，着陸経路からの左右方向のずれを知らせる「ローカライザ」と，上下方向のずれを知らせる「グライドパス」，滑走路までの距離を知らせる「マーカービーコン」で構成されます。飛行機はこれらの電波を受け取り，いわば電波の滑り台に乗ることで，安全に着陸することができるのです。

条件が整えば，
完全な自動着陸も可能

　基本的に着陸操作は，ILSの情報を用いながら，パイロット自身が行います。しかし条件が整えば，完全な自動着陸も可能です。

　A380の全幅は79.8メートルもあります。一方で滑走路の幅は，30メートルか45メートル，60メートルしかありません。飛行機がどれほど正確に滑走路に着陸しているかが，わかるでしょう。

ローカライザは滑走路の端，グライドパスは，着陸する滑走路のわき，マーカービーコンは，滑走路の端から約300m，1km，7kmの地点に設置されているのだ。

1 計器着陸装置（ILS）

旅客機の着陸を補佐する，
ILSのしくみをえがきました。

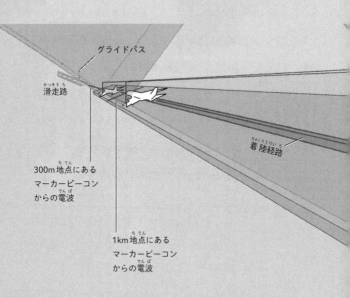

グライドパス

滑走路

着陸経路

300m地点にある
マーカービーコン
からの電波

1km地点にある
マーカービーコン
からの電波

3種類の電波が，飛行機を滑走路に
誘導するツバメ。

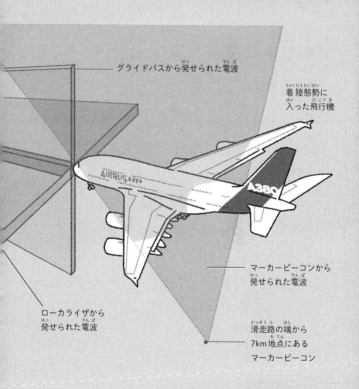

グライドパスから発せられた電波

着陸態勢に入った飛行機

マーカービーコンから発せられた電波

ローカライザから発せられた電波

滑走路の端から7km地点にあるマーカービーコン

注：ローカライザは，着陸する滑走路の奥にあります。

127

滑走路の表面は，滑り止めの溝で筋だらけ

へこみや傷がつかないように つくられている

飛行機が着陸する滑走路は，一般的な自動車用の道路とはことなり，特別な構造をしています。

　A380の場合，最大着陸重量は386トンにもなります。滑走路は，このような重量の飛行機が，一般的な着陸速度である時速約260キロメートルで着陸しても，へこんだり傷ついたりしないようにつくられています。

2 滑走路の断面図

滑走路の断面図をえがきました。何層もの基礎構造
の上に，アスファルトの層を舗装してあります。

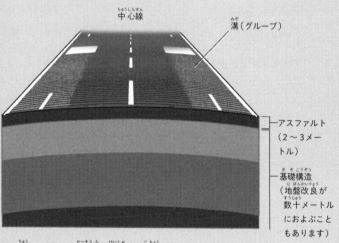

中心線

溝（グルーブ）

アスファルト
（2～3メー
トル）

基礎構造
（地盤改良が
数十メートル
におよぶこと
もあります）

注：イラストの滑走路の傾斜は，誇張してえがかれています。

129

雨水がたまらないように，かまぼこ型

　滑走路は，地下につくられた何層もの基礎構造を，厚さ2〜3メートルにもなるアスファルトで舗装してつくられます。関西国際空港のような海を埋め立ててつくった滑走路では，地盤をかたくするために，地下数十メートルにわたって地盤の改良工事が行われたという例もあります。

　さらに滑走路には，飛行機のブレーキがききやすいように溝がほられていたり，雨水がたまらないようにかまぼこ型をしていたりといった工夫がほどこされています。

滑走路の下は，地盤改良されているよ。

3 三つのブレーキを使って，安全に停止する

空気抵抗をふやすと同時に，揚力を減らす

　降下をつづけたA380は，ついに着陸の瞬間をむかえます。安全に停止するために，飛行機は着陸の際に三つのブレーキをはたらかせます。

　一つ目は，主翼の上にある「スポイラー」によるブレーキです。スポイラーは，飛行機のタイヤが接地すると同時にいっせいに立ち上がり，空気抵抗をふやして速度を落とします。同時に主翼に発生する揚力を減らし，タイヤにかかる荷重をふやして，摩擦力を大きくします。

排気の方向を，
斜め前方へと変える

　二つ目のブレーキは，降着装置（ランディングギア）の「ディスクブレーキ」です。ディスクブレーキは，ホイールとディスクが押しつけ合うことで生じる摩擦力によって，タイヤの回転を止めます。

　そして三つ目は，ターボファンエンジンの「逆噴射」によるブレーキです。ターボファンエンエンジンは，バイパス流をドアでブロックして，排気方向を斜め前方へと変えることで，飛行機の速度を落とすのです。

ターボファンエンジンの逆噴射は，エンジンの後ろから空気を吸って，前に噴射しているわけではないのだ。

3 三つのブレーキ

飛行機が着陸の際にはたらかせる，三つのブレーキをえがきました（1～3）。

1. 主翼の上にある「スポイラー」

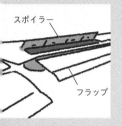

スポイラー

フラップ

3. ターボファンエンジンの「逆噴射」

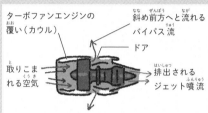

ターボファンエンジンの覆い（カウル）

斜め前方へと流れるバイパス流

ドア

取りこまれる空気

排出されるジェット噴流

2. 降着装置の「ディスクブレーキ」

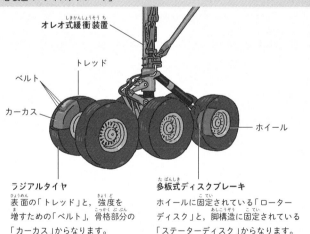

オレオ式緩衝装置

トレッド

ベルト

カーカス

ホイール

ラジアルタイヤ

表面の「トレッド」と，強度を増すための「ベルト」，骨格部分の「カーカス」からなります。

多板式ディスクブレーキ

ホイールに固定されている「ローターディスク」と，脚構造に固定されている「ステーターディスク」からなります。

次のフライトの準備は，着陸前からはじまっている！

国際線は約2時間，国内線は45〜60分

　無事にフライトを終えたA380。しかしA380に，休んでいるひまはありません。すぐに次のフライトの準備がはじまるのです。

　一般的には，国際線の場合は約2時間の間隔で，国内線の場合は45〜60分の間隔で，次のフライトに旅立ちます。この短い時間内に，機内清掃や燃料補給，機内食の搭載だけでなく，機体の点検も行わなければなりません。この点検を「ライン整備」といいます。

飛行中に，
現在の機体の状態を地上に送信

　ライン整備では，航空整備士に加えて機長みずから，目視で外観に異常がないか，タイヤがすり減っていないかなどをチェックします。そして異常があった場合は，離陸時間までに修理を行う必要があります。

　最近の飛行機は，少しでも効率よく整備を行うため，上空を飛行中に機体の状態を地上に送信する機能をそなえています。航空整備士たちはそのデータをもとに，事前に交換部品を用意するなどして，ライン整備に迅速に取りかかれるよう準備をととのえるのです。

空港に到着してから整備を行い，次のフライトの準備をととのえて乗客を乗せ，離陸するまでの時間を「ターンアラウンド時間」とよぶそうよ。

■4 次のフライトの準備

A380が，次のフライトに向けて行う準備のようす
をえがきました。

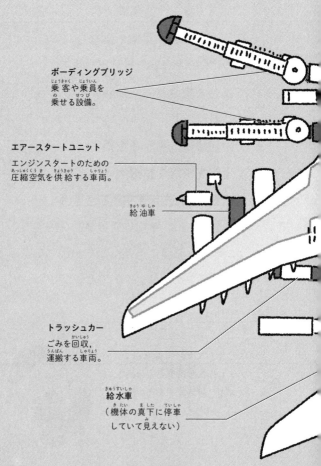

ボーディングブリッジ
乗客や乗員を
乗せる設備。

エアースタートユニット
エンジンスタートのための
圧縮空気を供給する車両。

給油車

トラッシュカー
ごみを回収，
運搬する車両。

給水車
（機体の真下に停車
していて見えない）

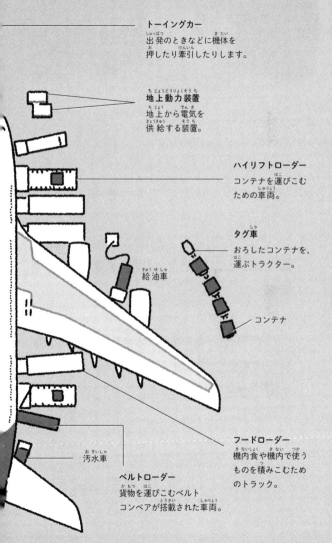

トーイングカー
出発のときなどに機体を
押したり牽引したりします。

地上動力装置
地上から電気を
供給する装置。

ハイリフトローダー
コンテナを運びこむ
ための車両。

タグ車
おろしたコンテナを,
運ぶトラクター。

給油車

コンテナ

汚水車

フードローダー
機内食や機内で使う
ものを積みこむため
のトラック。

ベルトローダー
貨物を運びこむベルト
コンベアが搭載された車両。

137

パイロットになるルート

　将来パイロットになって空を飛びたい！と考えている人もいるのではないでしょうか。パイロットには，航空会社の「定期便のパイロット」，自衛隊や警察，消防，報道機関などの「事業用のパイロット」，「自家用のパイロット」などの種類があります。そしてどのパイロットになるにも，国家試験に合格して，操縦士の免許を取得する必要があります。

　パイロットになるための学校には，「航空大学校」「パイロット養成コースをもつ大学」「パイロット養成学校」などがあります。一方，大手の航空会社や自衛隊には，パイロットを自分たちで養成するしくみがあります。

　パイロットになるための学校で学ぶのには，高額

な授業料がかかります。海外で比較的安く免許を取得する方法もあるものの，免許を取得できたとしても，航空機がなければ実際に操縦することはできません。国際線や国内線のパイロットになりたいと考えている場合は，まず大手の航空会社に就職するのが，近道かもしれません。

「飛行器」を考案した日本人

日本の航空機研究者の二宮忠八（1866～1936）は江戸時代末期、現在の愛媛県で生まれた

貧しいが賢かった忠八は奉公先で凧をつくって売っていた

よくあがる忠八凧だよ！いかがですか！いかがですか！

軍に入った忠八はカラスが飛ぶのを見て気がついた

翼を動かさずに飛んでいる

翼を羽ばたかせるのは羽の上昇気流に乗るためだ

1891年、カラスを参考に模型飛行器を製作。10メートルほど飛んだ

ライト兄弟よりも先に飛行機の着想を得たとされる

2年後には複葉のタマムシ型飛行器を設計

昆虫のタマムシには上に固い羽根があり下にやわらかい羽根がある

140

もっと知りたい！
飛行機のこと
ひ こう き

ここまで，A380にそなえられている，さ
まざまなしくみをみてきました。第6章で
だい しょう
は，ロッキード・マーティン社の最新鋭戦
しゃ さいしんえいせん
闘機「F-35B」を紹介します。また，飛行
とう き しょうかい ひ こう
機を浮かせる力である「揚力」や，飛行機
き う ちから ようりょく ひ こう き
を安全に飛行させるためのさまざまな取り
あんぜん ひ こう と
組みについて，くわしく紹介します。
く しょうかい

機体がゆれる！ 音速をこえると，衝撃波が発生

衝撃波によって，空気の抵抗を急激に受ける

　飛行機の歴史にとって，速度の向上は非常に大きなテーマでした。飛行機が速度を上げる際，一つの障壁があります。それが，「音の壁」です。音と同じ速さのことを「マッハ1」といい，地上では時速約1224キロメートルです※。飛行機の速度がこのマッハ1をこえることは，「音の壁をやぶる」と表現されます。

　物体が空気中を，音速よりも速い速度の「超音速」で飛行すると，「衝撃波」が生まれます。この衝撃波によって，飛行機は「造波抵抗」とよば

※ 音速は，気温によって変化します。時速約1224キロメートルは，気温15℃の空気中での音速です。

1 音速付近の衝撃波

マッハ0.75からマッハ1.3までに発生する衝撃波をえがきました。マッハ0.7ほどであっても，空気の流れが速くなる主翼の上面などでは部分的にマッハ1.0をこえ，衝撃波が発生します。

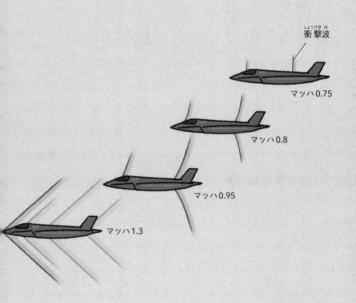

衝撃波

マッハ0.75

マッハ0.8

マッハ0.95

マッハ1.3

速くなるほど，飛行機のまわりのいろいろな場所で，衝撃波が発生するのね。

れる空気の抵抗を，急激に受けてしまいます。
このため，単純にエンジンの推力を上げるだけ
では，音速をこえることは困難です。

機体がゆれたり，
舵がとりづらかったりする

　飛行機の機体周囲の空気の流れは，一様では
ありません。機体の速度がおよそマッハ0.7 ～
1.3の間の「遷音速」では，周囲の気流に音速を
こえる部分とこえない部分が混在します。このた
め，遷音速の速度域では，機体がゆれたり舵がと
りづらかったりと，安定性が低下してしまい
ます。

マッハ1.3をこえるほどの速度に
なると，機体全体の空気の流れはす
べて音速をこえて安定するため，飛
行は安定するのだ。

2 これが最新鋭戦闘機「F-35B」の機体

主翼は，衝撃波の発生を遅らせる形

　軍用機は，旅客機とはまったくことなる姿をしています。ここからは，アメリカのロッキード・マーティン社が開発した最新鋭戦闘機「F-35B」を中心に，戦闘機のしくみをみていきましょう。F-35Bは，2015年から運用が開始されました。

　すぐに目につくF-35Bの特徴は，翼の形でしょう。F-35Bの主翼の前縁は，主翼のつけ根から翼端に進むにしたがって，後退しています（後退角をもちます）。逆にF-35Bの主翼の後縁は，翼端に進むにしたがって前進しています（前進角をもちます）。このような形状の翼は，「菱形翼」または「ダイヤモンド翼」とよばれ，構造的に薄

147

くすることができるため，速度を上げても衝撃波の発生を遅らせることができるといった特徴をもちます。

レーダーなどに探知されづらい

F-35Bの主翼と水平尾翼は，実は同じ大きさの後退角と前進角になっています。これは角度をそろえることで，高い「ステルス性」（レーダーなどに探知されづらい性質）が得られるためです。翼の形は，衝撃波の発生を遅らせるだけでなく，敵にみつからないためにも，非常に重要なのです。

レーダーは，アンテナから電波を打ち出し，目標が反射した電波を受信して相手の存在を発見する装置。F-35Bは，電波を特定の方向にだけ反射して，元のアンテナの方向に戻さないので，探知される可能性がより低くなるんだ。

2 F-35Bの構造

F-35Bの構造をえがきました。F-35シリーズには，通常離着陸型の「F-35A」，短距離離陸・垂直着陸型の「F-35B」，艦載機型（空母に積載されるタイプ）の「F-35C」の3タイプがあります。

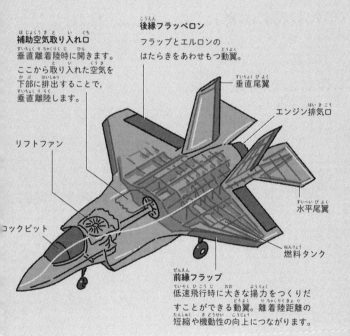

後縁フラッペロン

フラップとエルロンのはたらきをあわせもつ動翼。

補助空気取り入れ口

垂直離着陸時に開きます。ここから取り入れた空気を下部に排出することで，垂直離陸します。

リフトファン

コックピット

垂直尾翼

エンジン排気口

水平尾翼

燃料タンク

前縁フラップ

低速飛行時に大きな揚力をつくりだすことができる動翼。離着陸距離の短縮や機動性の向上につながります。

F-35Bの基本データ

全幅：10.67m	水平尾翼幅　：6.64m	最大速度：マッハ1.6
全長：15.61m	主翼面積　　：42.74m²	（時速1960キロメートル）
全高：4.36m	最大離陸重量：31.7トン	航続距離：1667キロメートル以上
	最大燃料容量：6.1トン	

戦闘機のエンジンといえば，「アフターバーナー」

排気にふたたび燃料を注いで，燃焼させる

　旅客機と戦闘機のもう一つの大きなちがいは，「エンジン」でしょう。旅客機のエンジンは主翼についているのに対して，多くの戦闘機のエンジンは胴体の中におさめられています。

　戦闘機のエンジンには，「アフターバーナー」がついているものが多いです。ジェットエンジンが排出するガスの中には，まだ多量の酸素が残っています。この排気にふたたび燃料を注いで燃焼させて，大きな推力を得る装置がアフターバーナーです。アフターバーナーを使うことで，短距離での離陸や急加速などが可能となります。

3 アフターバーナーのしくみ

アフターバーナーのしくみを，模式的にえがきました。燃焼室でつくられた高温高圧のガスは，燃焼室を通らないバイパス流および燃料と混ぜあわされて，ふたたび燃やされます。これにより，急加速が可能となります。

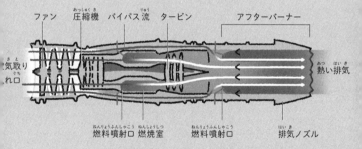

ファン　圧縮機　バイパス流　タービン　アフターバーナー

空気取り入れ口　熱い排気

燃料噴射口　燃焼室　燃料噴射口　排気ノズル

アフターバーナーの部分で，再燃焼がおきるツバメ。

151

瞬間的に，出力を1.6倍にまでふやす

　F-35Bにも，アフターバーナーが搭載されています。F-35Bが搭載するエンジンの「F135」の場合，通常の最大出力は約12トン重です。**ところがアフターバーナーを使用すると，その出力は約19トン重にまで上昇します。**つまり瞬間的に，出力を約1.6倍にまでふやすことができるのです。

「F135」は軽量化のため，「セラミックス・マトリックス複合材料」とよばれる素材が使われているのだ。この素材は，セラミックスに耐火性能の高い高強度なセラミックス繊維を複合した複合材で，低密度，高硬度で耐熱性と耐腐食性をもつという特徴があるのだ。

4　F-35Bは，垂直離着陸や ホバリングもできる

「推力偏向ノズル」を使用する

戦闘機の中には，排気の方向を変えることのできる「推力偏向ノズル」が装備されているものもあります。F-35Bの場合は，この推力偏向ノズルを使用することによって，垂直離着陸や空中停止が可能となりました。

　一方で，ロッキード・マーティン社とボーイング社が共同で開発した戦闘機の「F-22」は，急旋回など，運動性を高めるために推力偏向ノズルを使用します。

「リフトファン」で
前後のバランスをとる

　F-35Bには，推力偏向ノズルに加えて，垂直離陸時の姿勢制御のために，機体の前方部分に「リフトファン」がついています。垂直離着陸の際にはこのリフトファンを使い，上部から空気を吸いこみ下部に排出することで，前後のバランスをとることができます。

　このように戦闘機には，ステルス性や機動性を上げるためにさまざまな工夫がほどこされているのです。

F-35Bは戦闘機だけど，ヘリコプターみたいに垂直に離着陸できるんだね！

4 F-35Bのホバリング

F-35Bが，「推力偏向ノズル」「リフトファン」「ロールポスト」を使って，ホバリングを行っている場面をえがきました。

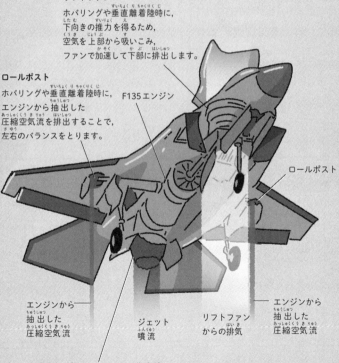

リフトファン

ホバリングや垂直離着陸時に，下向きの推力を得るため，空気を上部から吸いこみ，ファンで加速して下部に排出します。

ロールポスト

ホバリングや垂直離着陸時に，エンジンから抽出した圧縮空気流を排出することで，左右のバランスをとります。

F135エンジン

ロールポスト

エンジンから抽出した圧縮空気流

ジェット噴流

リフトファンからの排気

エンジンから抽出した圧縮空気流

推力偏向ノズル（エンジン排気口）

真後ろから真下まで，排気の向きを変えることができます。
排気口を下に向けているときは，アフターバーナーは使用できません。

155

米国防総省がUFOを公開

2020年4月27日，アメリカ国防総省は，「UFO（未確認飛行物体）」が映っている3本の映像を公開しました。3本の映像のうち，1本は2004年11月に撮影されたもの，ほかの2本は2015年1月に撮影されたものです。

3本の映像は，いずれもアメリカ海軍のパイロットが撮影した，35〜75秒の白黒映像です。海の上空を高速で動く物体や，回転しながら飛行する楕円形の物体が映っています。パイロットの，「あれは何だ！」「回転している‼」などのおどろきの声も録音されています。

実は映像は，国防総省が公開する数年前から流出していて，話題になっていました。国防総省の報道官は，「出まわっている映像は本物なのか」「ほ

かにも映像があるのではないか」といった人々の疑問を解消するために，映像の公開に踏み切ったと説明しています。**そして映像に映っている現象の正体は，「未確認」だとしています。**映像によって，宇宙人の存在が確認されたわけではないのでご安心を。

飛行機を浮かせる力，それが揚力

流線形の翼は，効率よく揚力を生む

　ここからは，飛行機を浮かせる力である「揚力」について，くわしくみていきましょう。

　飛行機の翼の断面は，前方が丸く，後方がとがった形をしています。 この形は「流線形」とよばれ，空気の流れから受ける「抗力」が小さくなるという特徴があります。また，このような形をした飛行機の翼は，翼の前方から来る風を受けることで，効率よく揚力を生みだすことができます。

翼の下面よりも上面で，空気がより速く流れる

揚力が生まれる理由は，空気の流れを考えるとわかります。それは，翼が弓なりにそっていたり，「迎え角」（166〜167ページ）がついていたりすると，翼の下面よりも上面で，空気がより速く流れるためです。空気の流れが速いところは，空気の流れが遅いところとくらべて，気圧が低くなることが知られています。これを「ベルヌーイの定理」といいます。

翼の下面にくらべて翼の上面では気圧が低くなるため，上に向かって吸い上げられるような力が生まれるのです。

揚力が発生する原理は，飛行機も鳥も昆虫もみんな同じだツバメ。

5 揚力とベルヌーイの定理

左ページに，翼の上面と下面の空気の流れをえがきました（A）。右ページは，ベルヌーイの定理を実感する実験です（B）。

A. 翼の上下に生まれる気圧の差が揚力を生む

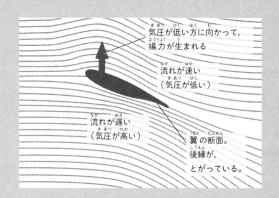

気圧が低い方に向かって，揚力が生まれる

流れが速い
（気圧が低い）

流れが遅い
（気圧が高い）

翼の断面。
後縁が，
とがっている。

B. ベルヌーイの定理を実感しよう

壁

紙

内側の気圧が下がり，
力が生まれます

息をふきかける

6

揚力にとってじゃま！
翼の端にできる渦

下面の空気が，
上面へまわりこもうとする

翼には，揚力の発生をさまたげる現象もおきます。それが，「翼端渦」です。翼端渦とは，翼端で，下面の圧力の高い空気が上面へとまわりこもうとするためにできる渦のことです。

この渦は，翼にはたらく揚力を減少させるだけでなく，飛行機が前に進むのをさまたげる力を生みだし，結果的に飛行機の経済性を悪化させてしまいます。この力を，「誘導抗力」といいます。

翼端渦のまわりこみを
防ぐものを取りつける

　翼端渦の影響を減らす方法は，大きく分けて二つあります。

　一つ目は，翼の形を工夫することです。 翼端渦は翼の端で発生するため，単純にいえば，翼を細長く，そして翼の端を小さくすればいいです。旅客機が，細長く，先端にいくにしたがってとがった翼をもつのは，翼端渦の影響をおさえるためなのです。

　二つ目は，翼端渦のまわりこみを防ぐものを翼端に取りつける方法です。 代表的なものに，「ウィングレット」や「ウイングチップフェンス」があります。

翼端に（小さな）ウイングチップフェンスをつけるだけで，燃費が約5％も向上するらしいよ。

6 ウイングチップフェンス

ウイングチップフェンスがない場合（A）とある場合（B）の, 翼端渦（たんうず）のようすをえがきました。

A. ウィングチップフェンスがない場合（ばあい）

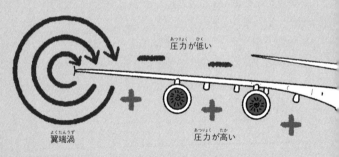

矢印（やじるし）の向（む）きに
空気（くうき）がまわりこむ

圧力（あつりょく）が低（ひく）い

翼端渦（よくたんうず）

圧力（あつりょく）が高（たか）い

B. ウィングチップフェンスがある場合

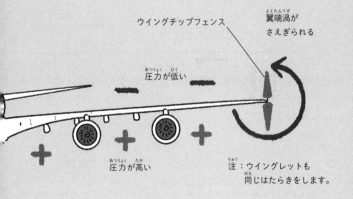

ウイングチップフェンス

翼端渦が
さえぎられる

圧力が低い

圧力が高い

注：ウイングレットも
同じはたらきをします。

165

7

重要なのは翼の角度。揚力が失われ，墜落する

揚力は，翼の傾きでも変えられる

　揚力の大きさは，さまざまな方法で変えられます。

　一つ目は，「速度」です。揚力は，速度の2乗に比例して大きくなります。二つ目は，「翼の大きさ」です。揚力は，翼の面積に比例して大きくなります。そして三つ目は，「翼の傾き」です。翼が，空気の流れに対してどれだけの角度で傾いているのかをあらわす値を，「迎え角」といいます。迎え角が大きくなるにしたがって，翼の上面と下面の気圧の差が大きくなり，揚力は大きくなるのです。

迎え角が大きくなりすぎると，揚力が失われる

　迎え角を制御することは，非常に重要です。迎え角が小さいとき，揚力は迎え角に比例して大きくなります。しかし迎え角が大きくなりすぎると，翼の上面の滑らかな空気の流れが翼からはがれ，急に揚力が失われてしまいます。この現象を「失速」といいます。

　飛行機は離着陸時の低い速度では，大きな迎え角をとるために失速が発生しやすく，高度も低いため，墜落に至る危険性が高いです。離陸後の3分間と着陸前の8分間は，とくに航空機事故が多いことから，「魔の11分間」とよばれています。

離陸時の上昇角度は，約15度，着陸時の降下角度は約3度なのだ。

7 迎え角と揚力の関係

迎え角と揚力の関係をえがきました（1〜4）。迎え角を大きくしたり（2），フラップを出して翼面積を大きくしたりすると（3），揚力を大きくすることができます。しかし，迎え角が一定の角度をこえて大きくなると，揚力が失われ（4），失速します。

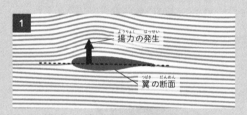

迎え角（風に対する翼の傾き角）が小さなときは，
揚力はあまり大きくありません。

迎え角が大きくなるにしたがって，
揚力も大きくなります。

翼の後縁に収納していた「フラップ」を出し，翼面積をふやし，翼の形を弓なりにすることで，揚力をさらに大きくすることができます。

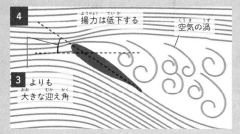

迎え角が大きくなりすぎると，翼の上面の滑らかな空気の流れが翼からはがれ，翼の上側に逆流領域ができます。この結果，揚力を得られなくなり，失速します。

雷が落ちても，飛行機は大丈夫

気象レーダーを使い，雷雲をさけながら飛ぶ

　最後に，飛行機を安全に飛行させるための取り組みについて，みていきましょう。まずは，雷についてです。

　飛行機に雷が落ちることは，それほどめずらしいことではありません。**飛行機は，機首部分に取りつけられた気象レーダーを使い，進行方向に雷雲があるかどうかを調べて，雷雲をさけながら飛びます。**しかし，離着陸時に雲を突き抜けて進むときや，雷雲の近くを飛行するときには，雷を受けてしまうことがあります。

8 主翼の放電索

主翼に取りつけられた放電索をえがきました。大型
機には，放電索が約50本も取りつけられていると
いいます。

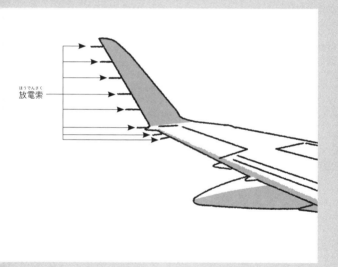

放電索

放電索は，主翼にたくさん取りつけ
られているよ。

放電索が，雷の電気を逃がす

　飛行機に雷が落ちても大丈夫なのかというと，ほぼ大丈夫です。雷の電流は，機体の胴体外側を通るため，機内の人が感電することはありません。

　また，飛行機には，飛行中にたまった静電気を逃がすための「放電索（スタティックディスチャージャー）」という装置があります。雷が落ちたときには，放電索が雷の電気を逃がす役割もかねます。このため，飛行機に大きな被害が出ることはないのです。しかしまれに，通信機器や外装が損傷することはあります。

注：機体に使われている複合材料は，金属にくらべて電気抵抗が大きく，雷が落ちると破壊される危険性があります。このため複合材料には，金属製のメッシュを表面にはるなどの対策がとられています。

9 やっぱり，スマホで通話してはならない

飛行機の電子器機の信号が，乱れてしまう

飛行機に乗ると，スマートフォンなどの携帯電話やタブレット端末などは，「機内モード」や「オフラインモード」に設定するか，電源を切ることが求められます。なぜなのでしょうか。

飛行機の電子器機が使用する電波と，携帯電話などが使用する電波は，周波数帯がことなっています。しかしまれに，電波どうしがぶつかることで，飛行機の電子器機の信号が乱れてしまうことがあります。この現象を，「電波干渉」とよびます。このため携帯電話などは，電波を発信しない状態にしておかなければならないのです。

通話が可能になったわけではない

　2014年9月1日から，機内でスマートフォン
やタブレット端末などを常時使えるように，規
制が緩和されました。また，日本航空（JAL）と
全日空（ANA）では，無料のWi-Fiサービスがは
じまりました。

　しかしこれは，携帯電話の通話が可能になった
ということではありません。機内モードやオフラ
インモードに設定したうえで，機内に搭載された
無線LANシステムに接続して，機内インターネ
ットサービスなどを受けられるようになったとい
うことです。

電波干渉がおこす計器の誤作動による
事故がおきないように，機内での携帯電
話の使用は禁止されているツバメ。

⑨ 電波の発信は禁止

スマートフォンやタブレット端末などは，電波を発
信しない状態ならば使用可能です。受信済みのメー
ルを確認したり，カメラを使用したりできます。ま
た，機内インターネットサービスも受けられます。
通話は，電波を発信するのでできません。

鳥が超危険！
あの手この手で追い払え

最悪の場合，墜落する危険性も

離着陸時の比較的高度が低い場所で，飛行機のコックピットやエンジンに鳥が衝突する現象のことを，「バードストライク」といいます。日本だけでも，年に1000件以上おきています。

鳥自体は小さくても，飛行機は時速300キロメートルをこえる猛スピードで飛んでいるため，機体が衝突時に受ける衝撃は非常に大きなものとなります。 エンジンなどがバードストライクによって故障した場合，離陸した空港に引き返すことにもつながります。また最悪の場合，エンジンの出力が低下して，墜落する危険性もあります。

10　バードストライクの衝撃

バードストライクによって，機体が大きく損傷してしまうこともあります。バードストライクによる経済的な損失は，日本だけで，年に数億円規模になるといいます。

根本的な解決法は，いまだにない

　バードストライクを防ぐために，空港ではバードパトロール員や管制塔の職員が，つねに上空を観測しています。そして鳥をみつけるたびに，空砲や爆竹の音で威嚇して，鳥が近づかないようにしています。最近では，ドローンを使う試みもなされています。

　しかし，広い空港をみまわることは大変で，とくに夜は困難です。空港から完全に鳥を追い払うことは不可能であり，根本的な解決法はいまだにありません。

バードストライクは，機体に穴をあけることがあるぐらい，大きな衝撃なのだ。

memo

ジェットマンって何？

博士，ぼくも鳥みたいに空を飛んでみたいです。人間に翼をつけることはできませんか。

ふむ。人間の筋力じゃ，鳥みたいに羽ばたくことはむずかしいじゃろうな。じゃが，翼をつけて空を飛んでいる人はいるぞ。スイスの発明家でパイロットのイブ・ロッシー（1959～　），通称「ジェットマン」じゃ。

ジェットマン？

うむ。ロッシーは，背中に負うように装着する三角形の翼を，みずから開発したんじゃ。翼には，小型のジェットエンジンが四つついておる。最高速度は時速300キロで，A380といっしょに飛んだこともあるぞ。

すごい！　どうやって操縦するんですか。

 頭や手足を使って，揚力や重心をコントロールするんじゃ。

 かっこいい!!

11 紙のグライダーを
つくってみよう！

重心の位置や
翼のはたらきの重要さを実感

　グライダーをつくって飛ばしてみれば，飛行機にとって，重心の位置や飛行を安定させるための翼のはたらきがいかに重要かを，実感できます。紙1枚とハサミ，クリップがあれば，簡単でよく飛ぶグライダーをつくることができます。ぜひ挑戦してみましょう！

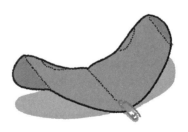

つくり方

1. 型紙を切り抜く

185ページを，約120％に拡大コピーして，切り抜きます。幅150mmほどの型紙ができます。グライダーは，ある程度の厚さとかたさのある紙でつくったほうが，つくりやすく飛ばしやすいです。画用紙などを，同じ形に切り抜くといいでしょう。

2. 点線に沿って折る

切り抜いたグライダーを，型紙にしたがって折ります。折り目の角度は，すべて120°〜140°程度にします。翼の後ろ側にある曲がった点線部分は，この部分が翼から立ち上がるように，谷折りにします。

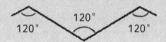

3. クリップをつけて完成！

先頭部分に，グライダーから半分ほど飛びだすようにクリップをつけたら，完成です。クリップのさしこみ方によって，グライダーの重心の位置は前後にずれます。実際に飛ばしてみて，クリップのつけ方を調整します（調整のしかたは188〜189ページ）。

11 グライダーの型紙のもと

このグライダーは,「アルソミトラ」という植物の種子をモデルにしたものです。アルソミトラは,東南アジアなどに生息するウリ科の植物で,グライダーのように種子を滑空させます。

アルソミトラの種子は,この型紙のような形のごく薄いフィルム状の翼をもち,風に乗って遠くまで飛ぶことで知られるツバメ。種子の重さは約0.3グラム,翼の幅は13センチメートル前後だツバメ。

注:約120％に拡大コピーしてください。グライダーのデザインは,『ものづくりハンドブック4』(仮説社)の「紙のグライダー」(8ページ)を参考にしました。

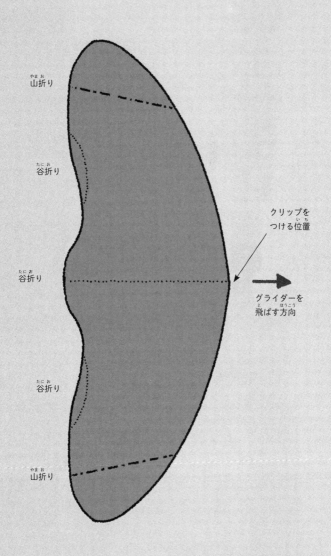

山折り

谷折り

谷折り

クリップを
つける位置

グライダーを
飛ばす方向

谷折り

山折り

グライダーの飛行を安定させるしくみ

左右に傾くことを防ぐ
翼（主翼）が両端に向かって上がることで，グライダー全体が左右に傾く動き（ローリング）をおさえます。機体の旋回を防ぎ，直進性を高めます。

前後のバランスをとる
翼の後ろ側を立てることで，頭（機首）が上下に回転する動き（ピッチング）をおさえ，前後のバランスを保ちます。飛行機の「水平尾翼」と同じ役割。

上下の安定性を高める
クリップをつけて，重心の位置を前方にもってくることで，機首が上がって失速することを防ぎ，上下の安定性を高めます。

左右への首振りを防ぐ
翼の両端を下に折ることで，頭（機首）が左右に回転する動き（ヨーイング）をおさえ，直進性を高めます。飛行機の「垂直尾翼」と同じ役割。

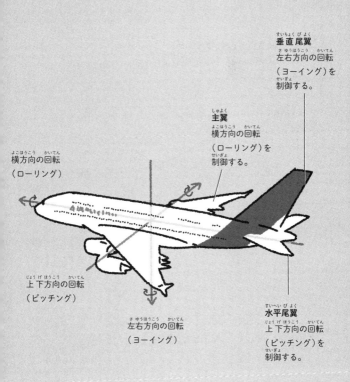

垂直尾翼
左右方向の回転
（ヨーイング）を
制御する。

主翼
横方向の回転
（ローリング）を
制御する。

横方向の回転
（ローリング）

上下方向の回転
（ピッチング）

左右方向の回転
（ヨーイング）

水平尾翼
上下方向の回転
（ピッチング）を
制御する。

グライダーを飛ばすこつ

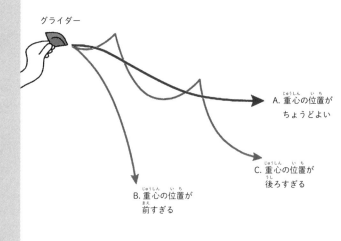

重心の位置による飛び方のちがい

グライダー

A. 重心の位置が
ちょうどよい

C. 重心の位置が
後ろすぎる

B. 重心の位置が
前すぎる

　完成したグライダーのおしりを指でつまみ，水平にやさしく押しだすように放ちます。

　グライダーがなめらかに滑空すれば，成功です。クリップのつけ方がよく，重心の位置がちょうどよいということです（左ページのイラストのA）。

　もし，グライダーがすぐに下向きに落ちるようであれば，重心が最適な位置よりも前方にあることを意味します（B）。クリップが重すぎたり，前方に飛びだしすぎたりしていることが原因です。小さな軽いクリップに変えたり，クリップを深くさしこんだりして，重心の位置を後ろにします。

　もし，グライダーが急上昇と失速をくりかえすようであれば，重心の位置が最適な位置よりも後方にあることを意味します（C）。クリップが軽すぎたり，深くさしこまれすぎたりしていることが原因です。大きな重いクリップに変えたり，クリップを前方に飛びださせたりして，重心の位置を前にします。

　もし，飛ぶ方向が左右どちらかに曲がってしまう場合は，翼の折り方の左右のバランスがとれていないことが考えられます。翼の両端や後ろ側の折り方を調整してみましょう。186〜187ページで紹介した飛行を安定させるしくみを見て，まっすぐに飛ばない原因を探ってみるとよいでしょう。

memo

さくいん

194

memo

ニュートン超図解新書
最強に面白い
人工知能
仕事編

2024年5月発売予定　新書判・200ページ　990円（税込）

「人工知能（AI）」は，すっかり耳慣れた言葉になりました。しかし皆さんは，私たちの暮らしの中にどれくらいAIが浸透しているか，ご存知ですか？

人のかわりに車を操作する「自動運転」，人の言葉を理解してくれる「会話するAI」をはじめ，医療現場や災害対策にもAIが活躍しています。また，絵画の鑑定や制作，ゲームの制作などにかかわる「AI芸術家」も登場してきました。このようにAIは，私たちの暮らしのさまざまな場面で，働いているのです。

本書は，2020年7月に発売された，ニュートン式超図解最強に面白い『人工知能　仕事編』の新書版です。AIのおどろくべき進化と活躍を“最強に面白く紹介します。どうぞ，ご期待ください！

余分な知識満載だピョン！

Staff

Editorial Management	中村真哉
Editorial Staff	道地恵介
Cover Design	岩本陽一
Design Format	村岡志津加（Studio Zucca）

Illustration

表紙カバー	羽田野乃花さんのイラストを元に佐藤蘭名が作成
表紙	羽田野乃花さんのイラストを元に佐藤蘭名が作成
11～53	羽田野乃花
58	髙島達明さんのイラストを元に羽田野乃花が作成
61～77	羽田野乃花
79	吉原成行さんのイラストを元に羽田野乃花が作成
83～188	羽田野乃花

監修（敬称略）：
　浅井圭介（東北大学名誉教授，日本大学特任教授，岩手大学客員教授）

本書は主に，Newton 別冊『飛行機のテクノロジー 増補第2版』の一部記事を抜粋し，大幅に加筆・再編集したものです。

ニュートン**超図解**新書
最強に面白い 飛行機

2024年6月10日発行

発行人	松田洋太郎
編集人	中村真哉
発行所	株式会社 ニュートンプレス　〒112-0012 東京都文京区大塚3-11-6
	https://www.newtonpress.co.jp/
	電話 03-5940-2451

© Newton Press 2024
ISBN978-4-315-52813-8